커피 인콰이어리

2016년 2월 5일 초판 발행
지은이   김태호
디자인   이규헌
펴낸이   방경석
펴낸곳   미문커뮤니케이션
등 록   제 301-2009-172호(2009.9.11)
주 소   서울 중구 신당 2동 403-5
전 화   010-3009-5738
© 김태호
Printed in korea
ISBN 978-89-963302-6-4
정가 20,000원

입 문 에 서 부 터 전 문 가 까 지 의 과 정

커피
Coffee Inquiry
인콰이어리

저자 **金泰昊**

MIMOON
미문커뮤니케이션

우리 한국인의 일상 속에 커피가 있다. 눈뜨면 모닝커피, 그리고 점심 후에도 커피 한잔은 마셔야 식사를 마친 것 같은 기분이 든다. 대도시 주요 건물 뿐 만 아니라 골목에 커피전문점 없는 곳이 없고 어지간한 시골에도 7~80년대 옛 다방을 대신하여 커피숍이 자리 잡고 있다. 정말 커피 천국이다.

지난 세월 우리가 주로 마시던 커피는 한국인이 발명해낸 인스탄트 커피, 속칭 다방 커피였다. 그러나 이젠 아메리카노, 카페오레 시대를 거쳐 더치, 드립, 에스프레소의 특별한 맛을 즐기거나 에티오피아, 컬럼비아 등 원산지나 원료품종을 구분하여 찾는 마니아도 늘어나고 있다.

커피를 즐기고 이해하는 문화가 우리 사회에 널리 퍼져 있는 현실에도 불구하고 정작 정확한 커피 정보를 접하기는 실로 어렵다. 커피는 많이 마시는데 한국인의 커피문화를 제대로 그려내기는 어려운 현실이다.

커피를 마시는 것이 한 시대를 앞서가는 오피니언리더, 멋쟁이 문화로 치부되던 시절도 있었다. 그러나 이제는 커피가 어떻게 만들어지고 어떻게 마셔야 하는가 하는, 제대로 된 정보를 모두가 공유하는 커피문화를 생각할 때가 되었다.

이러한 시대적 요구를 일찍이 간파하고 부응해온 사람이 '김태호'이다. 그는 우리나라 최초로 커피문화학회를 만들었고 특유의 아이디어로 여러 가지 커피 관련 용품을 개발해 내었으며 급기야는 커피 전문점을 창

업하였다.

　김태호는 천생 꾼이다. 색소폰을 멋들어지게 연주하는 소리꾼이요. 선반용 랙설비에 이어 커피 용품을 만들어내는 기술꾼이요. 이제는 커피 전문서를 창조해내는 글꾼이자 커피꾼이 되었다!

　커피꾼 김태호가 그려낸 "커피 인콰이어리"는 커피에 관한 많은 정보를 담고 있다. 이 책이 커피에 관한 특히 커피문화에 관한 완결판은 아닐지라도 우리나라의 커피문화 발전에 크게 기여할 초석임을 확신한다. 그래서 커피제조, 유통, 서비스업계에 종사하는 전문가는 물론이고 마냥 커피를 사랑하는 마니아분들 에게도 감히 일독을 권한다.

　우연인지 필연인지 "커피인콰이어리" 추천사를 커피의 나라 브라질 출장길에 쓰고 있다는 사실도 범상스런 조짐이 아니다. 지축을 울리는 세계 최대의 이과수 폭포수처럼 이 책에 대한 세상의 뜨거운 반향을 감히 기대해본다.

　커피꾼 김태호는 외친다. "세상에서 가장 맛있는 커피는 가장 좋아하는 사람과 함께 마시는 커피이다."라고. 그의 남다른 커피 사랑과 열정을 통하여 귀하게 얻은 결실에 각별한 격려와 찬사를 보낸다.

2016.1.11

커피의 나라 브라질 상파울로에서

정헌배 / 중앙대 교수

열정······ 탐구······ 행동······

이 책은 그렇다. 나에게는······

커피에 대한 수많은 이야기와 주장들이 난무하다.

하지만 당신 해봤어?

들어서 안 것과 직접 해보고 그 결과를 이야기하는 것은 너무나 다르다.

나도 20여 년을 커피 사업에 종사하며 수많은 커피 산지들을 돌아보고 수많은 커피 전문가라는 사람들을 만나 보았지만, 저자인 김태호 대표보다 커피에 대한 열정, 탐구, 행동하는 사람은 보지 못했다.

그런데 어느 날 그가 불쑥 원고를 들고 나타났다.

최근까지 공부한 결과물을 책으로 펴내겠다고 하며······

책의 내용에 대한 다른 해석과 논란 그리고 쓸데없이 해 보지도 않은 사람들이 커피에 대한 얕은 지식으로 이 책을 애써 폄하하려 하겠지만 난 저자의 커피에 대한 열정과 탐구하고 행동하는 진정 커피 인임을 알기에 커피를 사랑하는 이들에게 기쁘게 이 책을 추천한다.

커피에 대해 눈을 떠가다 보면 커피에 대한 수많은 의문이 생기게 되는데 조금도 주저하거나 망설임 없이 그 해답을 확실히 알기 위한 탐구와 실험을 즉시 시작하는 저자의 지치지 않는 열정은 참으로 대단할 뿐만 아니라 안일하게 커피를 공부하는 나 자신을 부끄럽게 만든다.

하여 나는 이 책이 커피 업에 종사하는 모든 분과 커피를 사랑하는 모든 분에게 귀한 자료가 되리라 믿어 의심치 않는다.

2016. 1월 어느 눈 내리던 추운 날
주식회사 더드립 회장 김영균

커피를 "안다"라고 말하는 것은 "모른다" 라고 고백하는 것과 다름이 없습니다. 알면 알수록 더 모르는 것이 학문이지만, 커피는 룰도 없고 기준도 없습니다!

좋은 커피를 마셔보지 못한 사람은 내가 마시고 있는 커피가 세상에서 제일 좋은 커피로 알고 마십니다. 이런 것도 나쁘지 않지만 맛도 좋고 건강에도 유익한 커피를 추구하는 것이 진정으로 커피를 좋아하는 사람입니다. 무엇보다 세상에서 가장 맛있는 커피는 가장 사랑하는 사람과 함께 마시는 커피입니다.

커피 맛은 정석도 없고, 맛있는 커피를 만들기 위한 지름길도 없습니다. 굳이 말한다면, 올바른 지식을 갖고 항상 마음을 담은 커피를 만드는 것, 이것이 더 없이 행복한 맛을 내는 제일의 지름길입니다.

김태호 (Kim Tae Ho / 金泰昊)
· ㈜아이앤에이 글로벌 대표이사
· 블랙드롭 커피 대표
· 사이펀방식의 커피추출기 특허(제10-1257302호)
· 커피 원두의 제조방법 특허(제10-1230490호)
· 스마트한 커피 드리퍼 특허(제10-1382604호)
· 워터드립 커피용 추출장치 특허(제10-1395307호)
· 커피 원두의 로스팅 장치 특허출원(제10-2014-0070843호)

커피 인콰이어리
Coffee Inquiry

차 례

Part **1**

커피 개론

커피란

국가	표 기	풀 이
영국, 미국	Coffee	카페인 : (Café in) 커피 속에 함유된 성분
프랑스	café	
이탈리아	Caffe	
에티오피아	Kaffa	힘(power)
중 국	咖 啡	咖(커피가), 啡(커피 배)
일 본	珈 琲	珈(머리꾸미개 가), 琲(구슬꿰미 배)
한 국	양탕국 (洋湯麵)	서양에서 온 검은 국

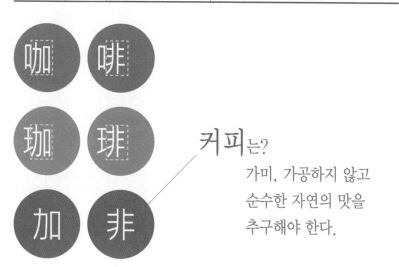

커피는?
가미, 가공하지 않고
순수한 자연의 맛을
추구해야 한다.

커피 벨트

- 커피가 지배되는 지역을 지칭하는 말로 "Coffee Belt" 또는 "Coffee Zone"이라고 한다.
- 남북 양회귀선(북위 25도, 남위 25도)사이에 위치한 벨트지대로 커피재배에 적당한 기후와 토양을 가지고 있다.
- 커피 재배에 필요한 조건은 평균기온 약 20도로 연간 큰 기온 차가 없으며 평균 강우량은 1500-2000mm이고 유기질이 풍부한 비옥토, 화산질 토양이 적당하고 찬바람과 건 열풍, 서리는 큰 적이다.

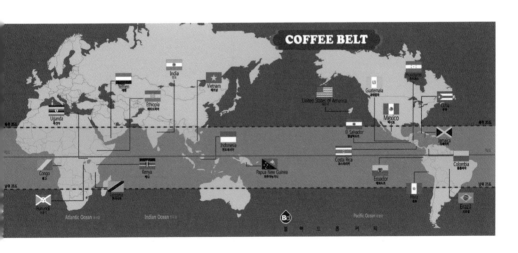

원두와 인스턴트

인스턴트커피

원두커피

구 분	인스턴트커피	원두커피
생산 과정	추출된 커피에서 수분 성분을 제거해 놓았다가 먹기 전에 물에 타서 녹여 먹는 것(커피콩정선 – 블랜딩 – 로스팅 – 분쇄 – 추출 – 아로마 회수 – 농축 – 건조 – 아로마 첨가 – 포장)	커피 원두를 갈아서 물을 부어 추출해서 바로 먹는 것
재료	주로 로부스타종이 많음	주로 아라비카 종이 많음
맛과 향	원두 자체의 맛과 향이 많이 사라짐	원두 자체의 풍부한 맛과 향을 많이 느낄 수 있음
카페인	37.50mg/g	12.24mg/g
예	커피믹스	에스프레소, 드립 커피, 더치커피 등

Green coffee bean
(생두: 볶지 않은
공정의 커피)

Roasted coffee bean
(원두: 볶은 커피)

아라비카 & 로부스타

구분	아라비카	로부스타
원산지	에티오피아	콩고
최적성장지대(고도)	900~2,000m	200~900m
연평균성장온도	15~24℃	24~30℃
최적강우량	1,500~2,000mm	2,000~3,000mm
열매모양	납작하고 길며 푸른색	볼록하고 둥글며 갈색
맛	풍부하고 섬세한 맛	거칠고 쓰며 바디가 강함
카페인함량	1~1.7%	2~2.5%
당분함량	8%	5%
생산량비율	70~75%	25~30%
개화에서 결실까지	9개월	10~11개월
성숙된 나무크기	4~6m	12m
추출 시 특성	신맛	떫은맛
섬유질	평균 1.2%	평균 2.0%
용도	원두커피	인스턴트커피

☕ 헤즐넛 커피

헤즐넛 열매

향신료 바른 커피

품질관리가 잘못된 원두를 버리기는 아깝고 쓰자니 못쓰고 그래서 만든 것이
인공 향신료 헤즐넛의 시초다.

☑ 헤즐넛(Hazelnut)은 개암나무의 열매이다.
☑ 모양은 도토리와 비슷하고 특이한 향이 없다.
☑ 식용으로 제공되는 견과류로 세계에 널리 유통된다.

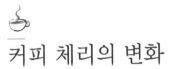

커피 체리의 변화

정상적인 변화

기후조건으로 출하 불가한 커피

커피 변종(옐로우,핑크)

☕ 커피 수확 공정

커피 농장

1. 커피체리 수확

2-3. 다양한 건조 방식
Washed, sundried

4. 파치먼트

5. 생두

6. 원두

커피 체리 건조 방법

건식법

1. 자연 건조 (오랜 옛날부터 사용되던 방식)
- 햇볕을 사용함으로써 별도의 설비에 대한 투자가 필요치 않음.
- 약 2주 정도의 건조기간 필요.
- 건조 기간 중 윗부분과 아랫부분을 자주 고루 섞어 줘야 하고 햇볕이
  강한 시간(11:00~14:00)은 덮개로 덮어줌.
- 수분함량 12%이하로 건조

2. 인공 건조 (현대적인 방식)
- 건조 탑, 또는 건조로 설비, 주로 인건비가 비쌀 때 함.
- 보통 50℃의 열풍으로 3일 건조(자연건조 조건과 가장 흡사한 조건이여 야
  하며 건조로의 연료는 체리의 외피, 파치먼트를 사용하는 경우도 있다).

습식법

- 건식법에 비해 고비용.
- 대부분 아라비카 생산국에서 사용.
- 기계로 외피와 과육제거 후 발효(하루 내지 이틀간) 해서 점액질 제거.
- 사용되는 물의 질에 따라 품질의 변화가 크다.

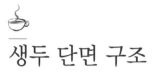

생두 단면 구조

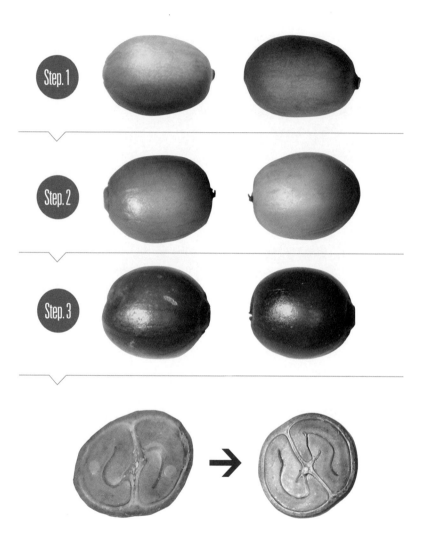

커피 체리 건조

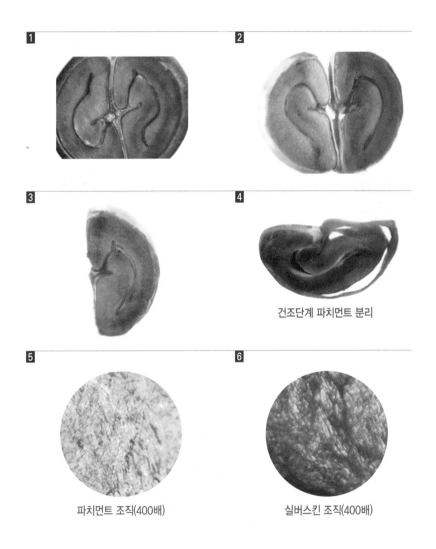

1

2

3

4

건조단계 파치먼트 분리

5

6

파치먼트 조직(400배)

실버스킨 조직(400배)

커피 공정 단계

1 2 3 4 5 6

1 건조된 체리 상태의 거피
2 파치먼트에 쌓여 있는 상태의 커피
3 제거된 파치먼트
4 실버스킨이 쌓여 있는 상태의 커피
5 실버스킨이 제거된 상태의 커피
6 로스팅된 커피

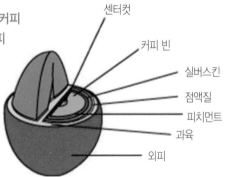

센터컷
커피 빈
실버스킨
점액질
피치먼트
과육
외피

아라비카 – 자연건조생두

Brazil – Cerrado

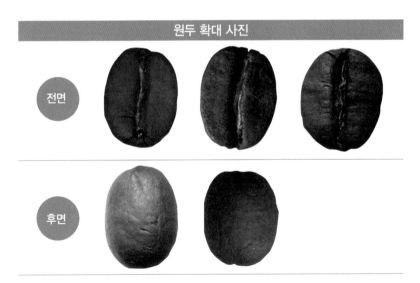

실버스킨 탈피 확대

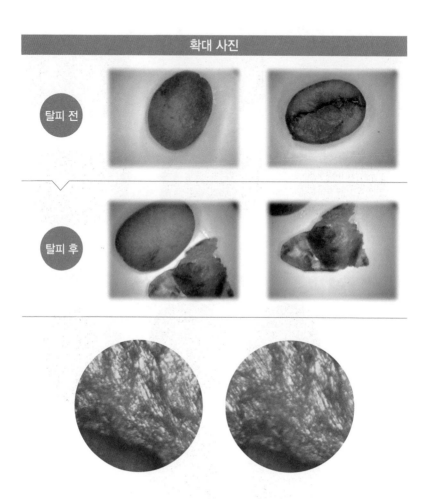

생두 무게 대비 실버스킨 무게 약 1~2% (조직 확대도)

생두 배아

배아
돌출

- 생두를 상온 물속에 24시간 방치하면 배아가 나온다.
  이 조건에서 모든 생두가 나오는 것은 아니다.
- 배아는 센터 컷이 많이 진행된 쪽에서 나오되 그 부근의 위치는
  불규칙적이다.

생두 배아

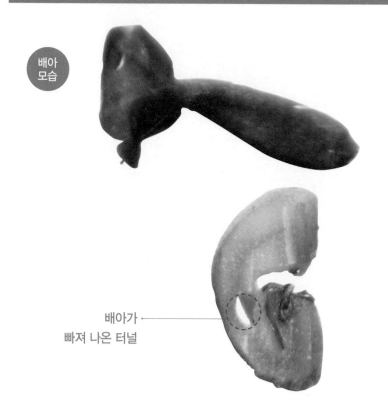

배아
모습

배아가 ──────
빠져 나온 터널

배아는 생두몸체 보다 밀도가 낮고 지방성분이 많아 로스팅 과정 시
제일 빨리 연소되며 배아가 있었던 부위도 로스팅 진행이 빨리 일어난다.

생두 절단 확대

횡단면

종단면

원두 절단 확대

횡단면

종단면

Clean Bean이란?

커피 생두의 표면에 적절한 온·습도를 주어 팽창시키고,
실버스킨(은피)을 로스팅전에 제거 한 커피콩을 말한다.

특징

1   잔류농약성분 일부 제거 및 카페인 함량 낮아짐.

2   실버스킨을 로스팅전 제거 하므로 실버스킨 탄 냄새가
      원두에 흡수되지 않는다.

3   향기, 끝 맛 우수함.

4   쓴맛이 적어 안정적이고, 좋은 신맛이 난다.

5   일반 커피생두 보다 약 30%부피가 커져 로스팅 시
      골고루 열을 받는다.

6   장기 보관 시 벌레가 생기지 않는다.

Green Bean과 Clean Bean 비교

Green Bean

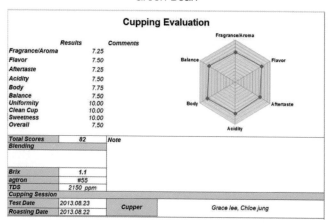

Cupping Evaluation

	Results	Comments
Fragrance/Aroma	7.25	
Flavor	7.50	
Aftertaste	7.25	
Acidity	7.50	
Body	7.75	
Balance	7.50	
Uniformity	10.00	
Clean Cup	10.00	
Sweetness	10.00	
Overall	7.50	

Total Scores	82	Note
Blending		

Brix	1.1
agtron	#55
TDS	2150 ppm

Cupping Session			
Test Date	2013.08.23	Cupper	Grace lee, Chloe jung
Roasting Date	2013.08.22		

Clean Bean

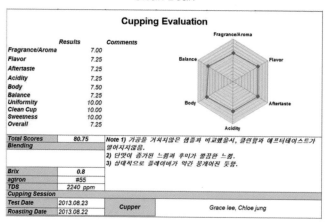

Cupping Evaluation

	Results	Comments
Fragrance/Aroma	7.00	
Flavor	7.25	
Aftertaste	7.25	
Acidity	7.25	
Body	7.50	
Balance	7.25	
Uniformity	10.00	
Clean Cup	10.00	
Sweetness	10.00	
Overall	7.25	

Total Scores	80.75	Note 1) 가공을 거치지않은 샘플과 비교했을시, 클린함과 애프터테이스트가
Blending		떨어지지였음.
		2) 단맛이 증가된 느낌과 후미가 깔끔한 느낌.
		3) 상대적으로 플레이버가 약간 뭉개어진 듯함.

Brix	0.8
agtron	#55
TDS	2240 ppm

Cupping Session			
Test Date	2013.08.23	Cupper	Grace lee, Chloe jung
Roasting Date	2013.08.22		

평가자 : 대표 Q-Grader : The Drip CEO : Grace Lee

Green Bean, Clean Bean Process

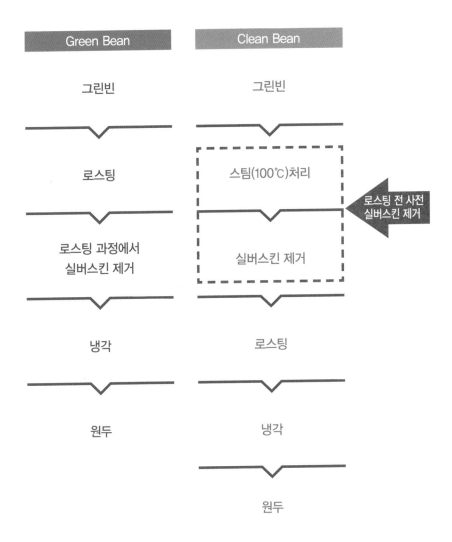

Green Bean	Clean Bean
그린빈	그린빈
로스팅	스팀(100℃)처리
로스팅 과정에서 실버스킨 제거	실버스킨 제거
냉각	로스팅
원두	냉각
	원두

로스팅 전 사전 실버스킨 제거

Green Bean, Clean Bean Process

생두은피 잔류농약 검사 결과

기타검사 성적서

의뢰번호	201210-37-1	접수번호	QE-201210-077
접수일자	2012-10-23	검사완료일	2012-10-31
의뢰처명	(주)아이앤에이글로벌	대표자	김태호
의뢰처주소	경기 하남시 덕풍동 아이데이오렌지존8층		
제품명	커피생두 은피	식품유형	커피콩
제조일자		유통기한	
참고사항	커피생두 기준 적용		

◎ 시험성적

검사항목	기준치	검사결과	항목판정
잔류농약다성분(283성분)(mg/kg)	식품공전참조	비고참조	부적합

● 판정 : 부적합

판 정	부적합
	※ 상기판정은 의뢰된 시험항목에 한함. 본 성적서는 기타검사로 의뢰된 검사항목에 한함.
비 고	클로르훼나피르(최저0.05)0.01, 에틸폴루라린(최저0.05)0.06, 터부코나졸(Codex0.1)0.2

● 클로르훼나 피르
(최저0.05)0.01,
에틸폴루리린
(최저0.05)0.06,
터부코나졸(0.1)0.2

의뢰하신 제품의 검사결과를 위와 같이 통지합니다.

2012년 11월 07일

확인자1 : 김준성   확인자2 : 권혜순

농협중앙회 식품안전연구원장

※ 식품안전연구원 전화번호 : 02 570 5000, 팩스 : 02 2057 5645

본 성적서는 의뢰된 검체에 관한 것으로, 의뢰목적 이외의 성품 선전 및 상업용에 사용할 수 없습니다.

Green Bean, Clean Bean 로스팅 후
카페인 함량 분석(브라질 스페셜티급)

Green Bean

Clean Bean

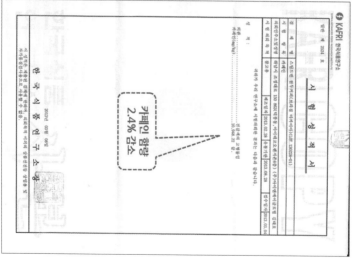

커피 보관 방법

커피의 4大 敵

산소 > • 산소 1%이하로 보관
(대기 중 공기 질소:78%, 산소:21% 기타 1%)

습도 > • 습도는 향기를 뺏어감

온도 > • 고온은 냄새를 뺏어감
• 냉동,냉장보관은 결로가 발생함으로 상온에서 보관
• 밀폐용기, 큰 용기보다 조금씩 작은 밀폐용기를 사용

자외선 > • 세포를 파괴시킴(암소보관)

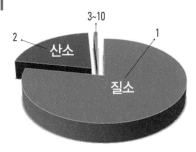

1. 질소   2. 산소
3. 아르곤   4. 네온
5. 헬륨   6. 메탄
7. 크립톤   8. 수소
9. 산화질소 10. 크세논

"커피보관은 소비량만큼(약20g)씩 소포장 해서
냉동보관하고 소비량만큼 꺼내 쓰는 것이 최상의 방법이다."

커피생두 성분

수분을 제외한 성분

항목	성분량
다당류	50.0~55.0%
지방	12.0~18.0%
단백질	11.0~13.0%
소당류	6.0~8.0%
클로로겐산	5.5~8.0%
무기성분	3.0~4.2%
유리아미노산	2.0%
지방족산	1.5~2.0%
트리고넬린(trigonelline)	1.0~1.2%
카페인	0.9~1.2%

최근 주목을 받는 성분 중 클로로겐산의 효능은 암, 당뇨병, 동맥경화 등에 예방효과가 있고 항 산화작용 및 다이어트에 특효가 있다는 연구결과이다.

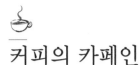

커피의 카페인

카페인 [caffeine]

커피나 차 같은 일부 식물의 열매, 잎, 씨앗 등에 함유된 알칼로이드(alkaloid)의 일종으로, 커피, 차, 소프트드링크, 강장음료, 약품 등의 다양한 형태로 인체에 흡수되며, 중추신경계에 작용하여 정신을 각성시키고 피로를 줄이는 등의 효과가 있다.

카페인이 인체에 미치는 영향은 개인의 신체 크기와 카페인에 대한 내성 정도에 따라 다르지만 적당량을 섭취했을 경우 일반적으로 중추신경계와 신진대사를 자극하여 피로를 줄이고 정신을 각성시켜 일시적으로 졸음을 막아주는 효과가 있으며 이뇨작용을 촉진시키는 역할도 한다.

보통 카페인은 흡수한 뒤 1시간 이내에 효과를 나타내며, 서너 시간이 지나면 효과가 사라진다. 또한 상습적으로 복용할 경우 내성이 생겨 효과가 약해진다. 카페인에 대해 좋지 않은 인식이 있었으나 최근 들어 커피의 좋은 성분 결과가 속속 발표 되고 있다. 식약청 일일 권장량은 성인기준 400mg이하(원두커피:3~4잔정도)이다.

$$C_8H_{10}N_4O_2$$

'타감 물질'

Allelopathy

이웃하는 다른 식물(같은 종이나 다른 종 모두)의 생장이나 발생(발아), 번식을 억제하는 생물현상

Part 2

양질의 재료
(생두,물)
좋은 조건

생두 품질 기준

생두는 클수록, 청록색을 띨수록 높은 품질이며 가격도 고가이다.
브라질은 체구멍의 크기로 분류하는데 #20은 20/64inch 체위에 남은 콩을 의미하며 작은 콩의 허용범위는 10%이다. Screen#18 이 10% 섞이면 #18.5, 11%이상 섞이면 Screen#18/18.5로 표시한다.

브라질	미국(mm)	영국
Screen#20	7.95	Very large bean
Screen#19.5	7.75	
Screen#19	7.54	Extra large bean
Screen#18.5	7.35	
Screen#18	7.14	Large bean
Screen#17	6.75	
Screen#16	6.35	Medium bean
Screen#15	5.95	
Screen#14	5.56	Small bean
Screen#13	5.16	Peaberry
Screen#12	4.76	
Screen#11	4.30	

생두 품질 기준

브라질의 향미 등급					
구분	Strictly soft	Soft	Softish	Hard	Rioysh	Rio
가격	고가 ←――――――――――――――――――――――→ 저가					

밀 도	
구분	고산지대(해발 600~2,000m) : 높다	저산지대(해발800m 이하) : 낮다
가격	고가 ←――――――――――――――――――――――→ 저가	

	초과함량	13% 이상	곰팡이 번식
수분함량	표준함량	10~12%	
	미달함량	9% 이하	오래된 콩

생두 품질 기준

결점 수 (뉴욕거래소기준 : 350g) (브라질 : 300g)		
등급	표시	결점 수
Class 1	Specialty grade	0~5
Class 2	Premium grade	0~8
Class 3	Exchange grade	9~23
Class 4	Below standard grade	24~86
Class 5	Off-grade	86 이상

결점 두 (Defective bean)	중대 결점(개수:1)	변색 콩, 검은콩, 곰팡이 콩, 마른 열매, 돌, 줄기 등
	경미 결점(개수:1/5)	미성숙 콩, 조개 콩, 주름 콩, 벌레 콩, 깨진 콩, 겉껍질 등

☕ 결점 두 선별

[핸드 피킹]

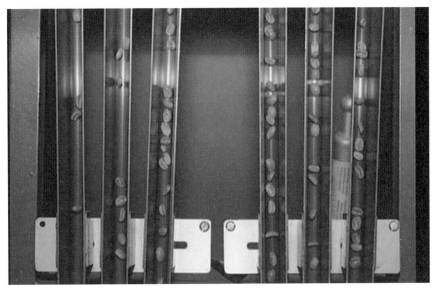

[기계 피킹]

결점 두의 종류

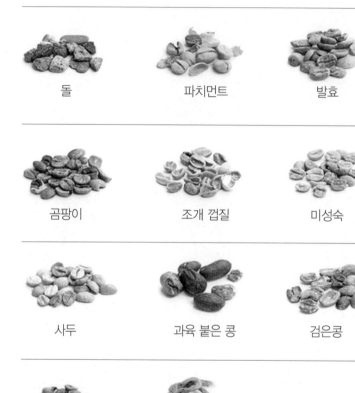

돌	파치먼트	발효
곰팡이	조개 껍질	미성숙
사두	과육 붙은 콩	검은콩
벌레 먹은 콩	이물	

TDS(총 용존 고형물)

TDS는 Total Dissolved Solid의 약자로 총 용존 固形物質(고형물질)이라는 뜻이다. 총 용존 고형물질은 칼슘이나 마그네슘 철분 등 미네랄 성분을 포함한 고형 물질이 물 속에 녹아 있는 양을 말한다. 즉 물속에 미네랄과 같은 고형물질이 얼마나 녹아 있는 가를 재는 단위다. 사람들이 일체의 음식을 먹지 않고 斷食(단식)을 하면서 물만 섭취할 경우 20일까지 버틸 수 있는 것도 물속에 이런 용존성 고형물질이 포함돼 있기 때문이다.

총 증발잔유물(總蒸發殘留物, total solids, TS)은 시료수(試料水)를 여과시키지 않고 그냥 증발시켜서 남는 모든 물질로 총 부유 고형물(總浮遊固形物, total suspended solids, TSS)과 총 용존 고형물(總溶存固形物, total dissolved solids, TDS)이 모두 포함된 양임.

시료수를 0.45㎛ 공경(pore size)의 여과지를 사용하여 여과시킬 때, 여과되지 않고 여과지에 남는 부분 중에서 물을 제외한 모든 것이 총 부유 고형물이고, 여과지를 통과하여 빠져나간 부분 중에서 물을 제외한 모든 것이 총 용존 고형물임. 따라서 총 증발 잔유물에서 총 부유 고형물를 제외하면 총용존 고형물, 즉 용존성 증발 잔유물이 남으며, 총 용존 고형물은 휘발성 용존 고형물(揮發性溶存固形物, volatile dissol-ved solids, VDS)과 강열 잔유 용존 고형물(强熱殘留溶存固形物, fixed dissol-ved solids, FDS)로 분류된다.

증발

0.45 ㎛ 여과지에
총부유 고형물

총 증발 잔유물
총 부유 고형물 + 총 용존고형물

물 + 총 용존고형물

일본 천연 온천수 TDS

북해도 천연 온천수

1. TDS : 391 ppm
2. TDS : 541 ppm
3. TDS : 587 ppm
4. TDS : 903 ppm

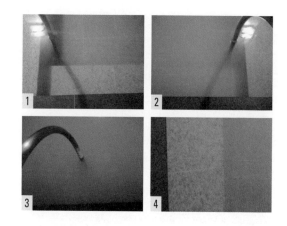

누오또부치 (가니유)
천연 온천수

1. TDS : 391 ppm
2. TDS : 541 ppm
3. TDS : 587 ppm
4. TDS : 903 ppm

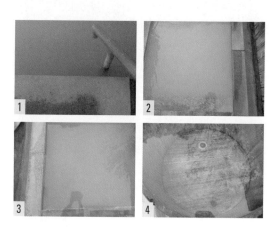

*대체적으로 탁도가 짙다고 TDS가 높은 것은 아니다.

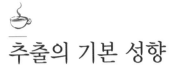

추출의 기본 성향

A : **좋은 성분**(좋은 신맛, 달콤한 맛, 고소한 맛, 중후함, 꽃 향기, 고소한 향기, 버터 향 등) "B"에 쉽게 잠식당한다

B : **나쁜 성분**(기분 나쁜 쓴맛, 떫은맛, 자극적인 맛, 곡류냄새, 나무냄새, 소독약 냄새 등) "A"에 **나쁜 영향을 준다**

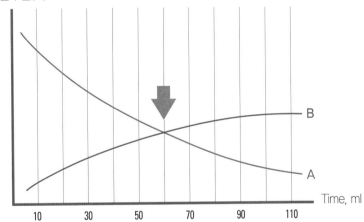

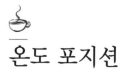

온도 포지션

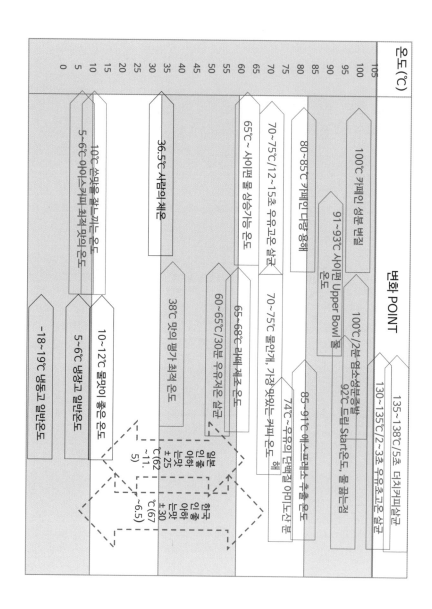

온도(℃)	변화 POINT
105	
100	100℃ 카페인 성분 변질 — 135~138℃/5초 다지카페 살균
95	130~135℃/2~3초 우유 초고온 살균
90	91~93℃ 사이펀 Upper Bowl 온도 — 100℃/2분 염소생포자살
85	92℃_드립 Start온도, 물 끓는점
80	80~85℃ 카페인 너당 용해
75	85~91℃ 에스프레소 추출온도
70	70~75℃/12~15초 우유 고온 살균 — 74℃~우유의 단백질 아미노산 분해
65	65℃~ 사이펀 물 상승가능 온도 — 70~75℃ 물안개, 가장 맛있는 커피 온도
60	65~68℃ 라떼 제조온도
55	60~65℃/30분 우유저온 살균
50	
45	
40	
35	36.5℃ 사람의 체온 — 38℃ 맛의 평가 최적 온도
30	
25	
20	
15	
10	10℃ 쓴맛을 잘느끼는 온도 — 10~12℃ 물맛이 좋은 온도
5	5~6℃ 아이스커피 최적 맛의 온도 — 5~6℃ 냉장고 일반온도
0	-18~19℃ 냉동고 일반온도

PH(폐하)

PH란?
'수소이온농도' (산도)를 숫자로 나타낸 것.
수소 이온 농도라는 것은 용액이 얼마나 산성인지 알칼리인지 1~14의 숫자로
알려주는 수치
- 산도(Acids)는 에스프레소 pH 5.2~5.8
- 일반적 맛의 관점에서 지방족산의 존재는 커피의 풍미를 좋게 해준다.
  산도가 높은(pH 4.8~5.1)커피가 비싼 가격에 팔리는 이유이다.
  (커피인사이드 : P 232, 300 참조)

구분	강산성			약산성			중성	약 알칼리성				강 알칼리성		
맛	신맛 ←						순수물	쓴맛						
성질	금속을 녹이고 셀룰로오스 섬유를 녹인다 (물에 녹아 수소이온(OH+)을 낸다)							단백질을 녹이고 강알칼리는 금속 부식시킨다 (물에 녹아 수소화 이온(OH-)을 낸다)						
PH	1	2	3	4	5	6	7	8	9	10	11	12	13	14
색	빨강			노랑			녹색	연보라				보라		

위액: 1.8
토마토 주스: 6.6
100도 가열물 : 9~10
오렌지 주스: 2.6
혈장: 7.4
계절 과일류, 미역, 다시마(10~13)
레몬에이드: 2.2
우유: 6.6
레몬즙: 2.0
에스프레소: 5.0~5.8
아라비카: 5.2, 로부스타 :5.8
카페인
기분 좋은 레몬 맛: 3.7
단풍나무수액: 7.1
사과식초: 2.7

과일, 식초는 산성으로 나타나지만 몸 속에서 대사작용 시 알칼리성으로 작용
하므로 알칼리 식품이다.

맛있는 커피의 기준

| **맛있는 커피 목표** | 불특정 다수가 좋아하는 커피의 맛 구현

| **구체적 표현** | 기본적으로 향(Aroma)과 바디(Body)감이 좋아야 하고 쓴맛
과 신맛의 균형을 이루고 끝 맛은 단맛으로 여운이 남고 식
었을 때 좋은 맛을 내고 자꾸 생각나는 커피

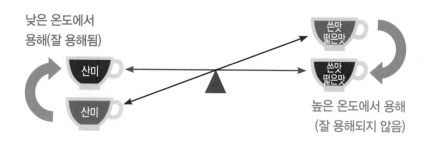

☑ 나쁜 맛으로 길 들여진 사람은 좋은 맛을 모르는 법,
☑ 커피를 태워서 입맛을 가르쳐야 다른 좋은 맛을 모르고 가르친 사람 커피를
구매하게 되는 것

물(H_2O)

연수와 경수

- 물에 들어 있는 칼슘이나 마그네슘 등, 즉 미네랄 합계 량을 수치화한 것을 경도라 하는데 그 수치가 높은 것을 경수, 낮은 것을 연수라 한다.

- 물속에 함유되어 있는 칼슘이나 마그네슘 등(미네랄)의 양은 ppm(백만 분의 1) 단위로 표시하는데 가령 50ppm은 물 1리터에 광물질이 50mg이 녹아 있음을 의미한다.

- 일반적으로 경도 1도는 약 18ppm(또는 18mg)에 해당하므로 연수의 최대치인 경도 6도 (107ppm · 107mg)를 기준으로 이보다 높으면 경수라 한다.

- 보통 우리나라 수돗물은 70 ~100ppm(또는70~100mg)정도이므로 연수에 해당된다.

- 알칼리 이온수는 경수에 가까운 물이다.

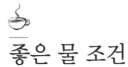

좋은 물 조건

(1) 생명체에 유해한 물질이 들어있지 않은 물
우리가 사용하는 대부분의 수돗물은 소독을 위해 사용하는 염소가 유기화합물과 반응해서 트리할로메탄이라는 발암물질을 발생시킬 수 있으므로 이러한 물질을 제거한 후 마셔야 한다(특히 수돗물, 수조 청소후의 물에 많이 나타나고 휘발성이 있어 24시간 방치하면 없어지고 10분 정도 끓여도 없어진다).

(2) 미네랄 성분을 균형 있게 포함한 물
우리 인체 내부는 금속이온의 균형을 통한 세포 내부의 침투압 조절을 하므로 증류수와 같이 아무것도 들어있지 않은 물은 생명체에 적당하지 않다. 미네랄이란 칼슘, 마그네슘, 나트륨, 칼륨, 철, 망간 등 금속들을 말한다. 이러한 미네랄은 많은 양은 필요 없지만 인체에 필수적인 성분들이다(미네랄 성분은 끓여도 변하지 않고 자연순화 작용으로 바닷물에 많으며 태풍이 불어 식물이 흡수하고 그것을 사람이 흡수하는 것이 제일이다. 그래서 일본 오끼나와가 장수촌이 된 것이다).

(3) 약 알칼리성인 물
인체는 pH 7.4의 약알칼리성이다. 따라서 약 알칼리 물을 마시면 체내 효소와 항산화물질의 활동을 저하시키지 않으므로 음식의 분해와 소화, 흡수능력이 높아지고 면역력도 강해진다(장수촌의 물이 모두 약 알칼리이다).

(4) 산소와 탄산가스가 충분히 녹아있는 물
끓인 물은 맛이 없고 죽은 물이다. 이는 물에 녹아있던 산소와 탄산가스가 날아가 버렸기 때문이다. 끓인 물을 화초에 주면 식물이 시들고 어항에 주면 금붕어가 죽어 버린다(물을 끓일 때 작은 기포가 이것이고, 커피에 사용되는 물은 한번 끓인 물은 사용하지 않는다).

좋은 물? 맛있는 물?

물맛을 좋게 하는 요소 : 칼슘, 규산 이며 특히 규산은 물맛을 좋게 한다.
- 석회석이 많은 지역이 물맛이 좋다고 한다.
- 칼륨이 지나치면 짠맛이 나지만 적당량은 물맛을 좋게 한다.
- 산소와 탄산가스가 적당히 용해되어 있어야 한다.
- 수온은 10~12도씨가 좋으며 차갑게 하면 맛이 좋아진다.

물맛을 나쁘게 하는 요소 : 염소, 마그네슘, 황산이온 등
- 마그네슘은 쓴맛의 성분이 들어있는데 상당한 불쾌감을 느끼게 한다.
- 황산이온은 칼슘감소작용을 해 물맛을 없게 한다.
- 용존 유기물이 많으면 이취미가 난다.
- 증발잔류물: 적정량이 포함되면 물의 맛이 순하게 되지만 많을 시는 떫은맛 쓴맛, 혹은 짠맛을 느끼게 한다.

☑ 맛있는 물이 좋은 물이라 단정짓기 어렵다.
☑ 맛있는 물이 맛있는 커피를 만드는 요소라 단정짓기 어렵다.
☑ 좋은 물이 맛있는 커피를 만드는 요소라 단정짓기 어렵다.
☑ 미네랄이 많은 물이 맛있는 커피를 만드는 요소라 단정짓기 어렵다.

우리 몸이 제 기능을 발휘하기 위해 가장 필요한 것이 물인 만큼 알칼리 수, 산성 수, 연수, 경수, 미네랄 워터 등 어떤 물의 좋고 나쁨을 말하기 전에 우리 몸의 균형을 맞추는데 도움이 되는 물이 되도록 하는 것이 가장 필요하며 바로 이것이 맛있는 커피, 몸에도 좋은 커피의 기본 조건이어야 한다.

물! 얼마나 마셔야?

일일 필요량 : 3.1L(배출량) − 1.6L(섭취량) = 1.5L					
배출량	땀	0.5L	섭취량	식사	1.6L
	호흡	0.5L		재활용	0.1L
	피부	0.5L		필요량	?
	대.소변	1.6L			
합 계		3.1L	합 계		1.6L

일일 필요 양 + 커피 마니아 = 일일 필수 량
1.5L + 1.0L = 2.5L

물 흡수 소요시간	
혈액	30초
뇌.생식기	1분
피부조직	10분
간.신장.심장	20분

활성산소, 활성수소란?

활성산소란?
- 전자를 잃거나 필요이상으로
  많이 갖고 있으면서 효소와
  DNA를 공격하여 노화와 질병
  의 원인이 된다.
- 산소가 우리 몸에 들어가 대사
  작용을 하고 남은 찌꺼기.
  [예] 자동차의 배기가스

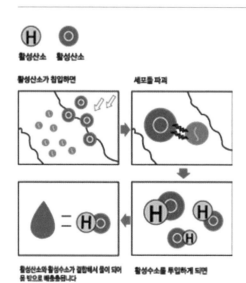

활성수소
호흡이나 자외선노출 및 식
습관으로 인체(혈관)내부에
생성된 활성산소를 없애는
물질로 즉 환원작용(황산화
작용)을 뜻하는데 현존하는
물질 중 가장 우수한 환원
능력을 가진 물질을 활성수
소(수소 수)라 한다.

알칼리 이온 수(환원수)

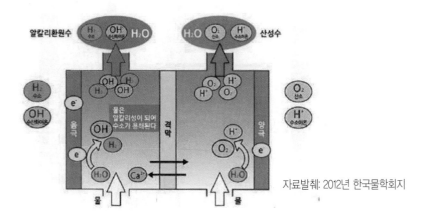

자료발췌: 2012년 한국물학회지

알칼리환원수의 항산화효과

정신적/신체적 스트레스로 인해 과도하게 발생하는 활성산소는 여러가지 질병의 원인이 될 수 있다. 알칼리환원수는 그 자체로 항산화력이 있을 뿐만 아니라 항산화 효소의 활성을 증가시키고 조직 내에서 활성산소를 제거함으로써 활성산소로 인해 일어날 수 있는 질병을 예방하는데 도움을 준다.

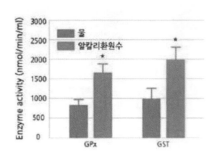

알칼리환원수 군은 활성산소를 제거하기 위해 항산화효소(GST, GPx)의 활성이 유의하게 증가
Biomedical Research, Vol. 30, NO.5 263-269, 2009

알칼리 이온 수(환원수)

알칼리환원수 및 산성수의 성상

수돗물을 전기분해하면 칼슘 이온이나 마그네슘 이온 등의 양 이온(M^+)은 음극에 염화 이온이나 탄산 이온 등의 음 이온(X^-)은 양극으로 이동한다.

음극 쪽에서는 전해반응에 의해 물 분자(H_2O)가 전자 (e-)을 받아서 수소 (H_2)와 수산화이온 (OH^-)이 생성되어 알칼리환원수로 됩니다. 수소의 일부는 나노버블 상태로 존재하고 있다.

종류	pH	산화환원전위	양이온(M^+)	음이온(X^-)	용존기체
알칼리환원수	9~10	저하	증가	감소	수소
산성수	4~6	상승	감소	증가	산소

알칼리 이온수? 전기분해를 통해 "+,−"를 주어 칼슘, 마그네슘, 나트륨, 칼륨 등" + "이온만 모은 물 , 산화체의 대표적인 산소가 적어진다	
연수(단물 우리나라 수돗물)	경수(센물)
커피의 신맛을 강조하게 한다. 비누가 잘 용해된다	커피의 쓴맛을 강조하게 한다.
0~75mg/L	151~300mg/L
연수는 경수에 함유되어 있는 광물질의 양이 낮은 물로서 일반적으로 저수지, 호수, 강에서 취수 하는 물	경수는 석회염, 칼슘, 마그네슘, 철, 구리, 질산염, 염화염, 실리콘, 나트륨 등의 물질들이 포함되어 있는데 그 중에서도 칼슘과 마그네슘이 가장 많이 용해되어 있다. 광물질을 함유하고 있는 물

어떤 물? 어떻게?

물의 적

1. 커피(카페인)는 수분의 적. 탈수의 원인.
2. 커피4잔 이상 마시면 전체의 수분 1.8%(약1.0L) 배출됨.
3. 술과 담배는 수분흡수를 방해한다.

물을 많이 마시는 여성

1. 유방암, 대장암 위험이 낮아진다.
2. 피부가 건강해진다.
3. 다이어트 효과가 크다(프랑스 여성).

좋은 물의 조건

1. 농약, 중금속, 박테리아 등 유해물질이 없어야 한다.
2. 칼슘,마그네슘 등 미네랄 성분이 균형 있게 용해되어야 한다.
3. P.H:8∼9정도의 약 알칼리성 물이 좋다.
4. 물은 차가워야 한다(체온보다 20∼25 도 낮은 것이 좋다).
5. 수소이온이 풍부해야 한다.

물 마시는 방법

1. 아침 기상 직후 마셔라 : 위장 대장을 자극해 변비 예방효과가 있다.
2. 10도 이하의 찬물을 마셔라.
3. 식사 중 한두 잔의 물은 소화를 돕는다. (1L이상은 금물)

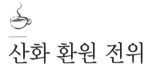

산화 환원 전위

산화 환원 전위[oxidation-reduction potential, 酸化還元電位]
ORP라고도 한다. 어떤 물질이 전자를 잃고 산화되거나 또는 전자를 받고 환원
되려는 경향의 강도를 나타내는 것으로, 이것을 알면 어떤 화학반응의 내용을
예측할 수 있다. 산화환원전위의 측정은 산화환원 가역 평형상태에 있는 수용
액에 부반응성 전극을 주입시켜서 발생하는 전위를 측정하는 것이다.

항 목		환원방향(-mv)	산화방향(+mv)
물	생수		20.6
	정제 수	-27.7	
	알칼리 이온 수	-54.9	
	수돗물		79.0
	연수물	-13.5	
우 유			23.2
사과 식초			242.
망고 주스			174.1
토마토 주스			174.2
에탄올		-54.7	
오래된 커피 (생수:20.6)	수 년		108.9
	2개월		92.9
	6개월 (햇빛 노출생두)		95.0
커피 (생수:20.6)	더치커피		92.6
	크린빈		99.5
	일반 그린빈		85.6
	페이퍼 드립		62.0
전 위		-mv (수소 : -420mv) ←	(산소: +815mv) +mv →

미네랄이란?

유기물의 주성분인 산소, 탄소, 수소, 질소를 제외한 무기질 또는 무기염류라고 하는 모든 생명체를 구성하는 필수 원소로서 칼슘, 마그네슘, 아연, 나트륨, 칼륨, 등 자연계의 90여종의 천연 원소와 더 많은 이론적 원소를 일컫는 말로서 미네랄이 없으면 어떠한 생명도 존재할 수 없다.

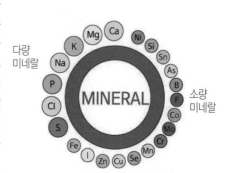

미네랄	효능	섭취
칼슘	치아와 뼈를 구축하고 강도를 유지 심장기능유지, 근육성장과 수축에 도움	우유, 유제품, 콩, 오렌지, 브로콜리
염소	근육을 제어하는 신경자극 유지 위산생산에 필요한 물 균형과 분배	소금
마그네슘	에너지 생산 보조, 스트레스, 체온 조절	바나나, 녹색야채, 사과,
인	신체의 거의 모든 화학반응에 도움 탄수화물, 지방, 단백질의 사용에 도움	고기, 생선, 닭고기, 계란, 곡물류, 초콜릿
칼륨	글리코겐의 포도당전화에 도움 근육에 영양공급 신장의 활동자극	바나나, 녹색 채소, 오렌지, 감자, 건포도, 말린 콩
나트륨	물과 함께 탈수방지에 도움 갈증 감각 유지, 수분섭취에 도움	해산물, 가금류, 당근
철	단백질과 함께 헤모글로빈 형성에 도움	소고기, 돼지고기,녹색채소
셀렌	면역체계향상, 항암작용	해산물, 살코기, 곡물류
아연	면역체계강화,치유 이산화탄소제거	굴, 고기, 계란, 해산물, 유제품

여러 가지 물의 생명체실험

환경 : 300CC / 18-23도

구분	삼다수	평창수	에비앙 (프랑스)	수돗물 + 정수기	정수기 + 연수기	수돗물	끓인 수돗물	데운 수돗물 (90도)	정제수
생존시간 (Hr)	24	50 이상	50	50 이상	50 이상	18	0.5	20	5
커피 맛 (점)	60	50	40	60	95	30	40	70	30

알칼리 보다 적당한 산성 수에 오래 살았고, 커피 맛은 10명의 주관적 평가 점수 입니다.

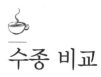

수종 비교

Dissolved Oxygen 단위: mg/L (ppm), 수온:14~15 ℃

항목		생수 (D샘물)	정수 + 연수	알칼리이온 수		TN
				ID (3)		
				첨가 전	커피첨가 6시간 후	
화학적 변화	TDS(ppm)	10	12	13	930	12
	Dissolved Oxygen (ppm)	1.09	0.72	0.55	0.39	1.01
	PH	6.83	7.08	9.2	5.8	10.0
	산화환원 전위(mv)	9.0	−4.8	−54.9	47.5	−170.3
용해도	커피					
	입차					

- TDS계측기 : EZODO, TDS5031, HANNA,
- 원두 : 케냐AA,
- Agtron : #60,에스프레소 분쇄도, 로스팅1일경과10g/300ml

알칼리 이온 수, 연수 평가

알칼리 이온 수	정수 + 연수

평균치		평가인원
Aroma(향기)	53.0	
단 맛	38.5	
신 맛	51.5	
쓴 맛	55.0	20
끝 맛	55.5	
Body	58.0	
Overall	54.0	

평균점수	52.2	높을수록OK
표준편차	6.4	낮을수록OK

평균치		평가인원
Aroma(향기)	53.0	
단 맛	44.0	
신 맛	57.0	
쓴 맛	61.5	20
끝 맛	60.5	
Body	58.0	
Overall	60.5	

평균점수	56.4	높을수록OK
표준편차	6.2	낮을수록OK

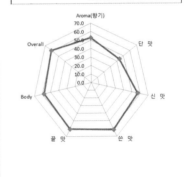

원두커피의 쓴맛의 Trend는 연수가 우수하나 향후 신맛의 Trend의 환경에서는 알칼리 이온수가 우수할 것이라 사료됨.

• 대상 : 30대 여성 20명
• 추출방법 : 워터드립

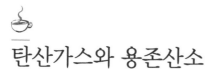

탄산가스와 용존산소

물 1차 끓일 때 기포 발생(탄산가스와 용존산소)

☑ 물을 가열하면 3~4% 부피가 늘어나고
☑ 냉각하면 부피와 무게는 기화되는 양이 있어 원상태보다 더 줄어든다.

**같은 물 다른 용기 냉각 후 재차 끓일 때 무기포
(청결하지 못하면 약간의 기포 발생)**

"커피 추출 물은 100℃로 끓이지 말아야 하며 한번 가열한
물은 탄산가스와 용존산소가 없어 추출 후 거친 맛이 난다"

생 화학적 분류

항목	바이오케미칼 (biochemical)	케미칼 (chemical)	비고
용어	생화학 물질	화학물질	
물질 [matter,物質]	무기 농	농약, 화학비료, 첨가물	
분리 [Isolation,分離]	불가	가능	
융해 [melting, 融解] 용융	가능	불가	농약은 녹지 않고 분리가 된다
변성 [denaturation, 變性]	유	유	
환원 성	유	무	온도에 따라 큰 차이
안정화 [安定化, stabilization]	짧다	길다	숙성 [aging, 熟成]
산화 [oxidation, 酸化]	쉽다	어렵다	
산패 [rancidity, 酸敗]	쉽다	어렵다	

숙성? 산패? 변성?

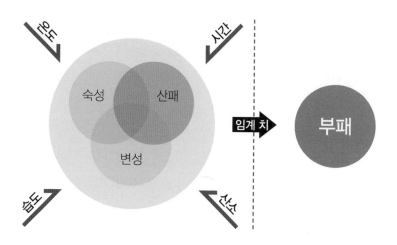

- **숙성** : 물질이 변화 되는 과정에서 천천히 양질의 방향으로 변화하는 것.
  (예 : 원두 로스팅 후 탈기과정 2~3일은 이에 속하나 이상의 기일과
  기름 방출된 원두는 산패이다. 고 알코올 성분, 고 염분은 임계 치가
  높다.)

- **변성** : 물질이 변화 되는 과정에서 임의 방향으로 변화하는 것.
  (예 : 더치커피 상온보관(일명 : 숙성과정)은 임계 치를 넘어가 부패로
  이르는 변성이다. 생수는 임계 치가 낮다.)

- **산패** : 물질이 변화 되는 과정에서 빠른 속도로 산화 과정으로 불량 해지는 것.
  (예 : 숙성 과정을 거친 커피 생두를 상온에서 보관하는 것은 산패 이
  다. 커피 추출 후 커피표면에 뜨는 기름은 원두 또는 생두의 산패로 인
  한 것이며, 산패의 진행 정도에 따라 기름 색이 화려한 빛이 난다.)

Part **3**

Roasting

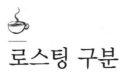

로스팅 구분

배전도	약한 볶음 (light roasting)		중간 볶음 (medium roasting)		강한 볶음 (dark roasting)	
	① Cinnamon Light	② Medium	③ American	④ High American Light	⑤ Full City	⑥ Espresso European
수분감량(%)	다량				감소	
밀도변화			증가	감소		
맛의변화 — 신맛		증가	감소			
단맛				미량	증가	
쓴맛				미량	증가	
향기	다량				감소	
Body	5	10	20	30	20	15
PH (드립) ±5%	5.2	5.6	5.7	6.0	6.7	6.9
특징	신맛이 강하고 중후함과 향기는 약하다	신맛이 강하고 중후함이 좀 있다	신맛과 중후함이 조화를 이룬다	중후함과 향기가 최고지만 신맛이 약하다	달콤한 맛과 중후함이 강하고 신맛은 거의 없다	쓴맛이 아주 강하고 잡미가 없다

로스팅 [Roasting(焙煎)] : 커피 생두를 최상의 향기와 맛이 나도록 볶는 공정

생두 상태분석

구 분	참고 사진	측정 방법
무게(밀도)	 2,000ml 1,447g	• 2,000ml 까지 생두를 채워 넣고 • 약10회 가량 상하로 충격을 줘서 눈금을 맞춘다 • 무게 측정
공극률	 생두 내부 또는 생두 간의 틈새	• 물을 2000ml선까지 채운다 • 이때의 물의 무게를 측정한다
흡수율		• 5분간 방치한다 • 잔량의 물의 무게를 측정한다 • 공극 부피 − 물의 무게 = 잔량(흡수율)

생두 상태에 따른 로스팅 표준

로스팅			생두(원산지 : 브라질/세드로)					
일자	로스터	용도	공급원	수확년도	품종	건조방식	체적(ml)	무게(g)
2015.6.12	S7	에스프레소	TD	2014	옐로우버번	내추럴	1,000	715

밀도분석	측정용기		생두밀도		공극율		흡수율(5분)	
	실린더(ml)	무게(g)	비율(%)	물(ml)	비율(%)	잔물(ml)	비율(%)
	PL(393g)	2,000	1,447	72.4	711	35.6	540	24.1

특성치(%P)=밀도-(공극율+흡수율)

BRY-1	TEMP CONTROL						배출TIME			로스팅 후 변화율
특성치 (%P)	온도℃(1)		온도℃(2)		온도℃(3)		약배전	중배전	강배전	
	열풍	할로	열풍	할로	열풍	할로				
12.7	170		180		190			12'20"		22%
	7	7	5	5	4	4				
생두명, 용도	브라질/옐로우버번(세드로)/에스프레소									

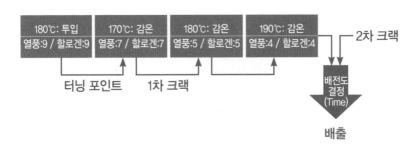

"Roaster : Strong Hold S7"

생두 상태에 따른 로스팅 표준

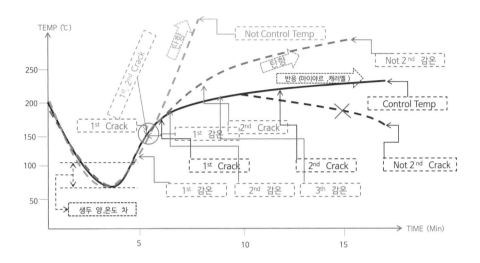

"Roaster : Strong Hold S7"

생두 상태에 따른 로스팅 표준

특성치(%P)		6.99 이하		~11.99이하		~16.99이하		~20.99이하		21.0 이상	
Control Poin(℃)	1st	160		165		170		175		180	
	감온 (열풍/ 할로겐)	7	7	7	7	7	7	7	7	7	7
	2nd	170		175		180		185		190	
	감온 (열풍/ 할로겐)	5	5	5	5	5	5	5	5	5	5
	3th	180		185		190		195		200	
	감온 (열풍/ 할로겐)	4	4	4	4	4	4	4	4	4	4
	배출 Time	배출 Time 은 희망 배전도를 고려해 설정한다									

- 대상 Roaster:Strong Hold S7
- 본 로스터의 온도는 생두가 온도센서에 Touch 되는 순간을 온도로 나타냈다.
- 로스터기에서 표현된 온도는 적외선 온도계로 원두에 직접 체크했을 때 온도보다 10℃ 낮은 온도였다.
- 1,2차 클랙의 시점은 그리 중요하지 않다.
- 배출시 까지 온도의 곡선은 최소한 수평유지 하여야 하고 떨어지거나 급상승하지 말아야 마이야르반응과 캐러멜반응이 일어난다.
- 열풍과 할로겐의 입력 값을 동일하게 설정한 것은 타 로스터기 적용에 참고 자료로 활용되어지기 위해서다.
- 원두의 양은 중량 :700g(부피는 1000ml)을 기준으로 했다.
- Start 온도: 180℃, 생두 투입 온도는 상온보관 조건(절대 호퍼에 담아 두지 않는다.)
- 같은 품종, 같은 농장의 생두라도 수분함량, 밀도, 크기에 따라 프로파일의 곡선은 일치하지 않는다.(즉, 생두가 크고, 수분 함량, 밀도가 높을수록 온도그래프의 곡선은 완만해 진다.)

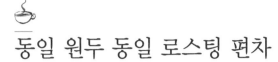

동일 원두 동일 로스팅 편차

구분	원두 60개 의 최대 최소 차이	비고
형태		색상차이
색상(R,G,B)	① Cinnamon Light (R: 156, G:78, B: 39) ~ ⑤ Full City (R: 57, G:27, B:26)	4단계차이
형태	30%	3g차이

로스팅의 편차는 개별 생두의 수분 함량의 편차에 따라 생길 수 있으며, 많은 편차는 로스팅의 문제이지만 일률적인 색상은 장시간 로스팅 하면 해결할 수 있으나 향미가 떨어진다.

로스팅 컬러 처크 방법

– Play 스토어 에서 무료 앱 다운 : Color
Detector(Real time)
– 휴대전화 메이커 : SAMSUNG 겔럭시 S6
기준(타모델 재 기준설정 시 사용가능)
– 분쇄도 : 에스프레소
– R,G,B중 BLUE의 값을 3회 돌려가며 3
개의 값 중 중앙 값으로 결정한다.

앱 아이콘

사진	SCAA	Roust Level	Color Detector (Rookia) Blue Color 기준
●	95	light	121~
●	85	Cinnamon	111~120
●	75	Medium	101~110
●	65	High	91~100
●	55	City	81~90
●	45	Full City	71~80
●	35	French	61~70
●	25	Italian	0~60

Blue(B)

*단, 휴대전화 상태에 따라 정확도가 다를 수 있으니 휴대전화에 따라 새로운 기준을 설정하십시오.

로스팅 컬러 체크 방법

텐퍼

80 mm

커피 배전도 체크 지그

분말커피
(10g)

원두를 분쇄하여 투입

텐퍼
(45g)

템핑을 가볍게 한다

휴대전화 카메라 부 빛이
들어가지 않도록 올린다

후레쉬 키고 원두에 초점을 맞춘다

"B"값 3회 측정 후 중앙값 결정

로스터 유리 표면 온도 변화

장시간 저온 로스팅(유리표면 보다 원두온도가 13% 낮음)

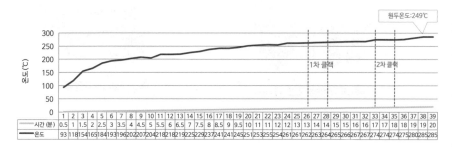

시간 (분)	0.5	1	1.5	2	2.5	3	3.5	4	4.5	5	5.5	6	6.5	7	7.5	8	8.5	9	9.5	10	11	11	12	12	13	13	14	14	15	15	16	16	17	17	18	18	19	19	20
온도	93	118	154	165	184	193	196	202	207	204	218	218	219	225	229	237	241	241	245	251	253	255	254	261	261	262	263	264	265	266	267	274	274	274	275	280	285	285

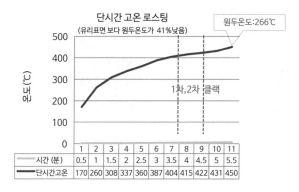

원두온도:266℃

시간 (분)	0.5	1	1.5	2	2.5	3	3.5	4	4.5	5	5.5
단시간고온	170	260	308	337	360	387	404	415	422	431	450

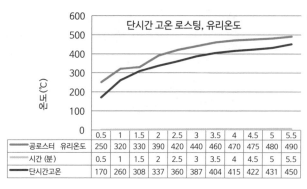

공로스터 유리온도	250	320	330	390	420	440	460	470	475	480	490
시간 (분)	0.5	1	1.5	2	2.5	3	3.5	4	4.5	5	5.5
단시간고온	170	260	308	337	360	387	404	415	422	431	450

크랙(Crack)

- **크랙 발생부위** : 생두가 흡수열에 의해 팽창하면서 갈라지기 쉬운 센터 컷(또는 이미 갈라져있는 부위) 좌우부위에서 발생된다.
- **크랙 횟수** : 1차, 2차로 구분되는 것은 그 시점의 온도에 따른 팽창도에 따라 구분되는 것이지 2회만 발생되는 것은 아니고 가열온도에 따라 불규칙적으로 다회 발생한다.
- **크랙음의 크기** : 생두의 표면밀도에 따라서도 높낮이가 있지만 온도의 상승속도, 즉 팽창속도가 1,2차 중 어느 시점이 높으냐에 따라 차이가 있다.

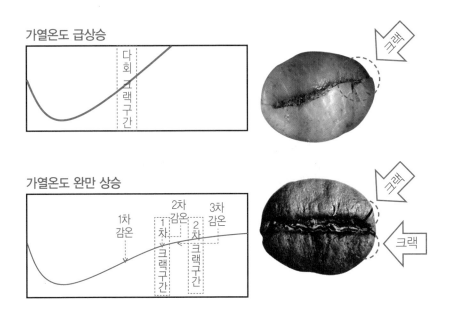

가열온도 급상승

다회크랙구간

크랙

가열온도 완만 상승

1차 감온

2차 감온

3차 감온

1차 크랙구간

2차 크랙구간

크랙

크랙

로스팅 전후 수분 방출, 흡수

색깔변화						
수분변화	9~12%	8~9%	5~7%	2.0~2.5%	1.0~2.0%	0.5~1.0%

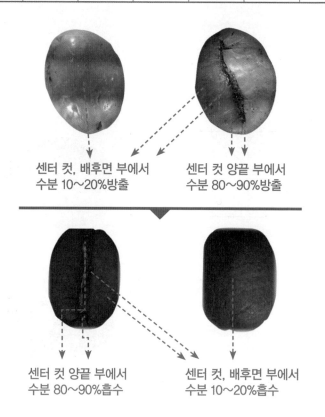

센터 컷, 배후면 부에서
수분 10~20%방출

센터 컷 양끝 부에서
수분 80~90%방출

센터 컷 양끝 부에서
수분 80~90%흡수

센터 컷, 배후면 부에서
수분 10~20%흡수

로스터 종류

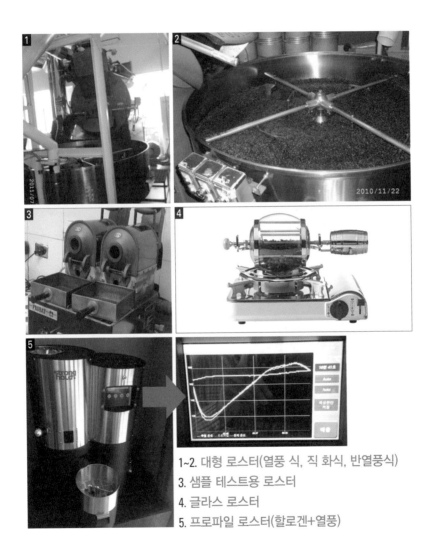

1~2. 대형 로스터(열풍 식, 직 화식, 반열풍식)
3. 샘플 테스트용 로스터
4. 글라스 로스터
5. 프로파일 로스터(할로겐+열풍)

로스터 송연 연통 찌꺼기

로스터 사용기간 :
1개월 후 한쪽은 연소되고
한쪽은 기름 찌꺼기

마치 날카로운 유리섬유 같이 생겼으며 불로 연소
시키면 금방 액체로 변하고 연소되며 불이 잘 붙
지는 않았다.

열량에 따른 비교

안정적 열량(내부까지 충분한 열을 받은 상태)

열량에 따른 비교

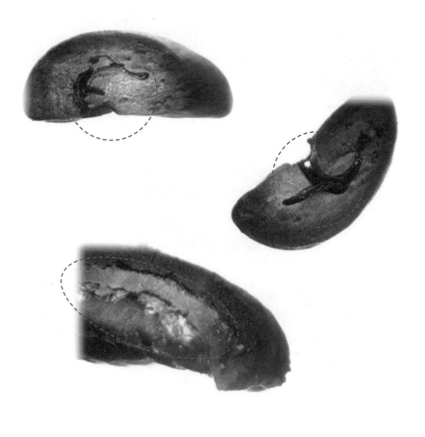

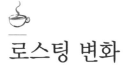

로스팅 변화

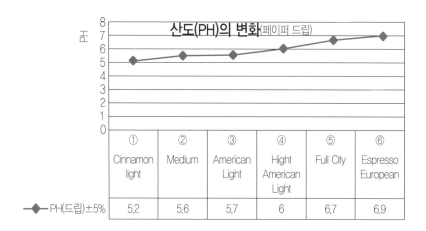

	① Cinnamon light	② Medium	③ American Light	④ Hight American Light	⑤ Full City	⑥ Espresso European
◆ PH(드립)±5%	5.2	5.6	5.7	6	6.7	6.9

- pH의 산도는 유기산, 지방족산으로 특히 우리몸에 유익한 클로로겐산의 함 유비중이 높다.
- 0.05낮아 지면 신맛은 12% 증가한다.
- 일반적으로 아라비카는 낮고 로부스타는 높고 pH가 낮은 생두가 높은 가격 에 거래된다.

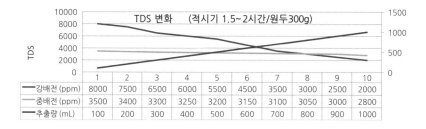

	1	2	3	4	5	6	7	8	9	10
강배전 (ppm)	8000	7500	6500	6000	5500	4500	3500	3000	2500	2000
중배전 (ppm)	3500	3400	3300	3250	3200	3150	3100	3050	3000	2800
추출량 (mL)	100	200	300	400	500	600	700	800	900	1000

로스팅 강도에 따른
카페인 변화 연구자료

Table. 3 Variations of caffeine content in green and roasted coffees

Unit : %

구분	Green coffee beans	light roasting beans	Medium roasting beans	Dark roasting beans
Colombia	1.04	1.00	0.99	1.01
Tanzania	1.04	1.01	1.03	1.06
Ethiopia	0.96	0.97	0.97	0.95
India	1.99	2.02	1.96	2.02
Thailand	1.62	1.67	1.73	1.70
Brazil	1.05	1.05	1.04	1.04

결론 : 로스팅 강도와 카페인 함량 상관관계 없음

자료발췌 : 커피 배전도에 따른 카페인 함량과 판매량에 관한 연구.
강원대학교 산업대학원/ 화학공학전공/ 이경호 석사학위 논문

로스팅 특성

구분		저온 장시간 로스팅	고온 단시간 로스팅
시간		15~20분	4~6분
밀도		팽창이 적어서 밀도가 크다	팽창이 커서 밀도가 작다
향미	신 맛	약하다	강하다
	바디감	강하다	약하다
	향기	부족하다	풍부하다
	끝 맛	텁텁하다	깨끗하다
가용성 성분		적게 추출된다	저온 장시간 로스팅 보다 10~20% 더 추출된다
온도 시간에 따른 변화		수분증발과 탄산가스 방출이 서서히 일어나고 팽창음도 작다	조직이 더 많이 팽창하고 밀도가 더 낮아진다
		강하게 볶으면 커피콩이 흑갈색으로 변하면서 조직의 세포가 파괴되어 표면에 기름이 생기며, 계속 볶으면 향기성분과 가용성분이 급격하게 줄어든다	
품질 컨트롤		쉽다	어렵다
경제성 (1잔당 커피소요량)		20% 더 써야 한다	10~20% 덜 쓸 수 있다

로스팅 화학적 변화

항목	화학적 변화	비고
가용 성분	총량 중 추출 액에 녹아 나온 것은 65~70% 이외는 찌꺼기에 남는다.	로스팅전 : 26, 로스팅후 : 27~35%(중량비율)
가스	1g당 2~5ml의 가스를 발산하면서 중량이 약2% 감소하고, 가스의 87%가 탄산가스 이다.	탈기: 24~48시간 가스 방출시키는 공정
맛 성분	로스팅시 당분, 유기산, 카페인, 무기질 성분이 반응하여 신맛, 단맛, 쓴맛, 떫은맛, 고소한 맛, 중후함을 생성한다.	
맛 성분	신맛 / 아라비카 종은 유기산이 많아서 신맛이 강하고 4.9~5.1 pH, 로부스타 종은 유기산이 적어 5.2~5.6 pH 이다.	pH가 0.05씩 낮아질 때마다 신맛은 12%씩 증가한다.
맛 성분	단맛 / 환원당, 캐러멜당, 단백질 성분을 낸다. 일반적으로 아라비카종이 로부스타종보다 단맛이 강하다.	강하게 볶을 때 증가한다.
맛 성분	쓴맛 / 알칼로이드인 카페인과 트리고넬린, 카페인산, 퀴닌산 등의 유기산, 페놀릭 화합물이 만든다. 일반적으로 로부스타종이 아라비카종 보다 더 강하다.	너무 강하게 볶아 탄화가 일어나면 더 증가한다.
향기 성분	당분, 아미노산, 유기산 등은 로스팅 과정에서 갈변반응 등을 거치면서 향기 성분이 된다. 중량의 0.5%(700~2,500ppm)미량이지만 맛에도 큰 영향을 준다. 일반적으로 물세척법이 향이 풍부하고 깨끗하다.	품종,재배지 고도, 로스팅 방법, 볶음도 등에 따라 다르다.

Part **4**

Grinding

커피 분쇄

입자	용도	입자크기		사진	
		비유	mm²		
거칠게	Percolator (여과장치달린 커피포트)	굵은 설탕	9.0~10.0		
약간 거칠게	사이펀, 융드립	Granulated Sugar와 굵은설탕중간	4.0~7.0		
보통 거칠게	페이퍼 드립, 가정용 커피메이커	Granulated Sugar	2.5~3.5		
가늘게	워터 드립	백설탕과 Granulated Sugar중간	0.55~1.55		
최대한 가늘게	에스프레소 머신	백설탕	0.40~0.70		

추출방법(기구)에 적합한 입자선정이 중요하다.
같은 브랜딩 에서도 입자에 따라 풍미에 영향을 미치게 된다.

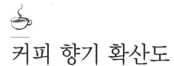

커피 향기 확산도

커피 향기량 측정

상태	원두	분쇄시	분말상태	추출시	제공시(컵)
향기확산량	1	28	2	8	8

분쇄–추출–제공시(컵) 상대적 향기확산량 (향기센서분석)
각단계에서 약300초후에 향기확산량 측정
상대 향기 량 (센서출력: mV)

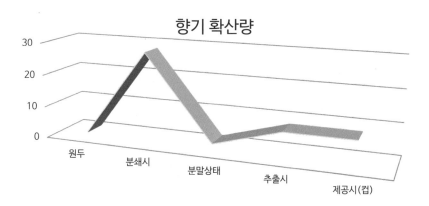

☕ 로스팅 후 신선도

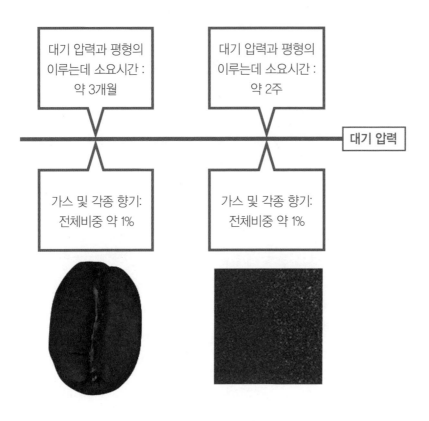

| 대기 압력과 평형의 이루는데 소요시간 : 약 3개월 | 대기 압력과 평형의 이루는데 소요시간 : 약 2주 |

대기 압력

| 가스 및 각종 향기: 전체비중 약 1% | 가스 및 각종 향기: 전체비중 약 1% |

포장 후 신선도

- Coffee 포장 후 발생하는 CO_2에 의해 포장내 압력발생, 부피 팽창, 산화되며 품질이 열화 된다.
- 유통안정성 확보와 고유 품질 유지 위해 Gas를 제어하고 부피와 압력발생 완화방안이 필요하다.
- 맛을 중시하는 포장재 필수요건.
- 아무리 포장이 좋아도 오래되면 소용없다.

신선한 커피와 맛있는 커피

> **"신선한 커피 : 금방 수확을 해서 바로 볶아 즉시 갈아 서 추출해 바로 마시는 커피이다"**

커피의 숙성기간은 2~3일?

– 커피 생두에 따라 숙성기간이 필요한 것은 10일 이상의 숙성기간이 필요한 것도 있다. 하지만 강로스팅해서 기름이 방출된 것은 바로 산패가 진행된 커 피이다.

신선한 커피는 추출 시 부풀어 오른다?

– 약한 로스팅과 아주 강한 로스팅을 하면 핸드드립시 부풀어 오르지 않고 오 래된 원두도 전자레인지로 3분간 가열하면 부풀어 오른다.

> **"맛있는 커피와 신선한 커피는 틀리다"**

– 저 수율커피(많은 양의 커피에 적은 추출)를 좋아하는 농도로 마신다.
– 맛있는 커피는 좋은 품질의 커피를 좋은 잔에 담아 마시는 것이다.
– 이보다 더 맛있는 커피는 같이 마시는 사람이 좋은 사람이어야 한다.

우리는 신선한 커피와 맛있는 커피를 찾아 다니지만
깨끗한 커피는 찾지 않는다.

포장 후 신선도

단위 포장된 내부 산소, 이산화탄소 잔존 함량 체크

메이커	제조경과일	산소(O2)	이산화탄소(CO2)
S사	8개월	0.5%	75.2%
P사	11개월	19.6%	4.1%
L사	6개월	0.5%	24.1%
I 사	5개월	0.1%	14.7%

- 포장재에 따라 데이터의 차이는 있다.
- 시간이 지날수록 산소와 이산화탄소의 함량은 달라진다.
- 산소와 이산화탄소의 상관관계는 없다.

☕ 원두의 밀도 차이

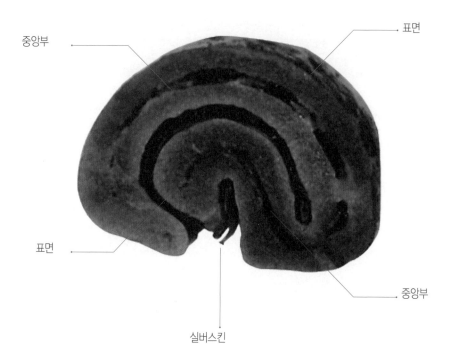

원두의 중앙부가 밀도가 낮은 것처럼 보이지만 표면이 가장 밀도가 높다.

분쇄도

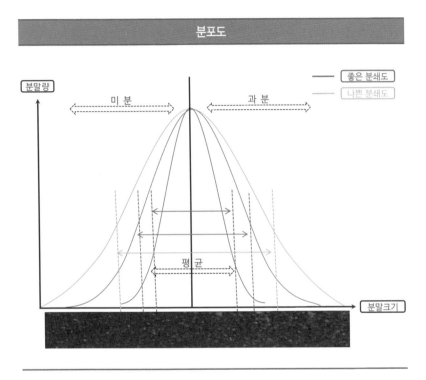

분포도

분말량

좋은 분쇄도
나쁜 분쇄도

미분　　　　　　　과분

평균

분말크기

"분쇄는 표준편차가 적어야 좋지만 틈새를 채울 수 있는 미분 또한 중요하다
과하면 미분으로 인한 과잉추출이 이뤄지고 없으면 올바른 추출을 기대할 수
없어 약 5% 정도는 존재해야 한다"

분쇄도에 따른 물 투과

굵은 분쇄		가는 분쇄
미분이 없을 때	미분이 있을 때	

굵은 분쇄와 가는 분쇄의 물 빠짐 속도의 차이가 다르고 미분이 물 빠짐을 방해하여 속도를 느리게 하나 미분이 과다하면 미분자체, 미분으로 인한 과잉추출이 된다.

분쇄입자 형태의 날카로운 부위부터 추출이 일어나고 시간이 길면 내부까지 침투하여 추출이 일어난다.

그라인더 방식

Flat(평면)Burr	Conical(원추형)Burr	ROLL(롤러)Type
분쇄속도가 빠르지만 미분과 과분 편차가 큼 마찰열 높음	분쇄속도는 느리지만 분쇄편차가 적다	편차와 마찰열이 적음

그라인더는 표시된 숫자가 작은 쪽으로 돌리면 가늘어 지고고 큰 쪽으로 돌리면 굵어진다.

Part **5**

Moka Express

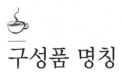

구성품 명칭

기호	명칭	용도
A	LOW BOWL(로우볼)	물을 담는 용기
B	COFFEE BOWL(커피볼)	분쇄커피 담는 용기
C	UPPER BOWL(업퍼볼)	추출된 커피가 모이는 용기
D	FILTER(필터)	분쇄커피 필터링
E	SAFETY VALVE(안전벨브)	과압 방지용 안전 벨브

재질 종류와 특징

재질		알미늄	스텐레스스틸	세라믹	기 타 (전자레인지, 알라딘)
모양	외부				
	내부				
장점		열전도율이 빨라 맛이 깊고 진하면서 부드럽다. 전통 에스프레소 맛을 내기에 적합하다.	외관과 디자인이 좋고 변질이 없고 세척이 용이하다.	커피 맛은 연하고 부드럽고 데커레이션 용으로 많이 쓰인다.	디자인이 현대적임
단점		알루미늄은 습기, 염분에 부식되기 쉽다.	알루미늄에 비해 농도가 연한 에스프레소가 추출된다. 금속취가 난다.	파손의 위험이 따른다.	전자렌지용: 유해전자파

커피 추출 원리

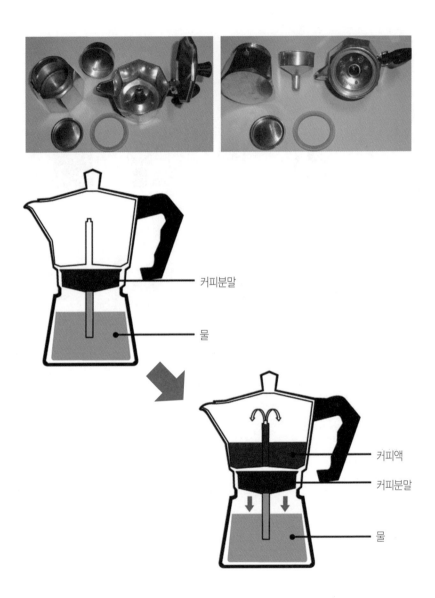

커피분말

물

커피액

커피분말

물

커피 추출 결과

항목	물량 (mL)	커피량 (g)	커피추출량 (mL)	커피분쇄도	추출온도(℃) Upper Bowl
DATA	150	14	120±5%	에스프레소	90~93
참고 사진				에스프레소 굵기	
방법 설명	안전밸브 밑 선까지	중간쯤 채우고 한번 두들기고 평평하게 깎는다(60, 56 Φ 종이필터를 올린다)			추출되는 부의 커피 온도 체크

커피 추출 요령

물 채우는 선
(안전밸브 밑선)

틈새 없이

화상주의
(특히 손잡이)

추출 순서	방 법
커피 분쇄와 채우기	커피가루는 에스프레소 굵기로 가득 균일하게 채운다. (에스프레소 포터필터 커피 담는 방법과 동일하게)
연수 물 채우기	물량은 로우볼의 안전밸브 아래 선(150cc)까지 채운다.
결합 및 필터삽입	로우볼과 어퍼볼 사이에 커피 보울을 끼고 서로 틈새가 없이 결합시킨다. 이때 커피상부에 종이필터를 넣는다.
가 열	로우볼을 열원으로 가열시킨다(가열 시 손잡이 뜨거움).
추 출	물의 증기압(3Bar)으로 물이 상승하고 커피가 추출된다. 이때 뚜껑을 열어놓으면 마지막에 커피가 분출한다.

커피 추출 상태

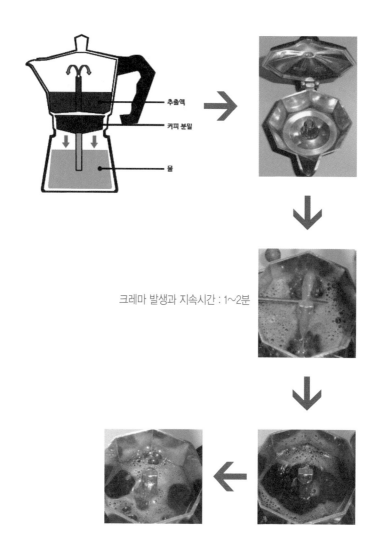

추출액

커피 분밀

물

크레마 발생과 지속시간 : 1~2분

물 온도에 따른 비교

케냐, 당일 로스팅

항목	뜨거운 물(80~95℃)		찬물(20~30℃)		비고
	③ American Light	④ High American Light	③ American Light	④ High American Light	
추출시간(분)	1.5 ~ 2.0		3.0 ~ 4.0		
TDS (총용존 고형물) ppm	2,360	2,370	2,230	2,220	뜨거운 물 5~7% 높음
PH	5.0	5.5	4.9	5.6	

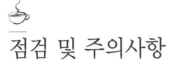

점검 및 주의사항

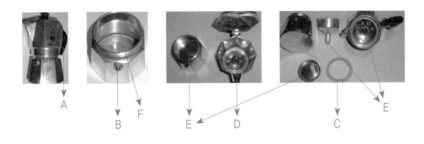

구분		항목	설명
주의	A	손잡이 과열주의	열원과대와 작은 로우볼 손잡이 과열됨
점검	B	안전 밸브 작동 점검	안전밸브를 당겨서 스프링탄력이 있는지 확인
	C	고무파킹 노화	파킹이 손상되었거나 탄력 있는지 확인
	D	에어 새는 곳 확인	입으로 불어보고 빨아보면서 확인
	E	필터, 내부, 배관청소	필터 작은 홀과 내부, 커피 올라오는 배관 부 청소
	F	보관 방법	물기, 염분을 깨끗이 없애고 건조 후 보관

Part **6**

Siphon

Siphon set 명칭

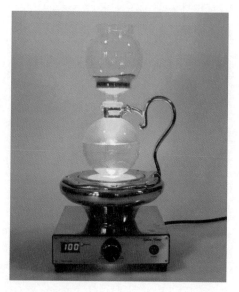

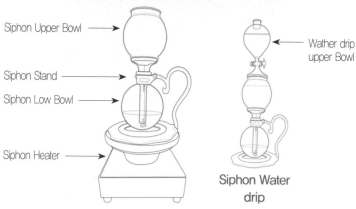

Siphon Upper Bowl

Siphon Stand

Siphon Low Bowl

Siphon Heater

Wather drip
upper Bowl

Siphon Water
drip

Siphon이란?

바슈(M. Vassieux)부인의 특허품

사이펀(Siphon, Syphon, Vacuum brewer)
: 진공을 이용한 커피 추출법

- 19세기 초 영국에서 발명 되었다는 설도 있고 같은 시기 독일, 프랑스(바슈 부인)으로 부터 발명 되었다는 설도 기록 되어 있지만 정확한 설은 아니다.

- 20세기초에는 사이펀 커피가 바큠 커피포트(Vacuum coffee pot)라는 이름으로 미국에서 특허 신청이 이루어졌고 1970년 한때 커피 전문 다방에서 유행하기도 했다.

- 2003년 일본 스페샬티 커피협회(SCAJ)에서 주최한 '재팬 바리스타 챔피언십(JBC)'에서 '사이펀 부문'이 탄생 되어 지금껏 매년 개최 되고있다.

Siphon의 원리(가압)

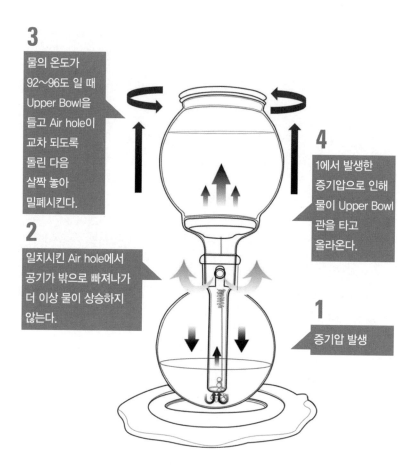

3

물의 온도가
92~96도 일 때
Upper Bowl을
들고 Air hole이
교차 되도록
돌린 다음
살짝 놓아
밀폐시킨다.

2

일치시킨 Air hole에서
공기가 밖으로 빠져나가
더 이상 물이 상승하지
않는다.

4

1에서 발생한
증기압으로 인해
물이 Upper Bowl
관을 타고
올라온다.

1

증기압 발생

Siphon의 원리(감압)

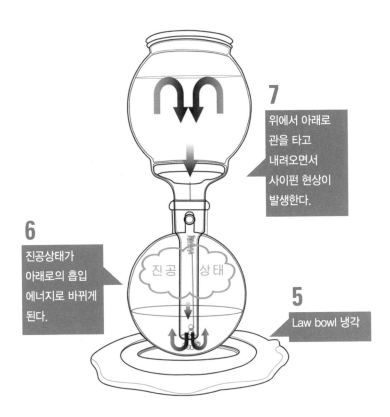

7
위에서 아래로
관을 타고
내려오면서
사이펀 현상이
발생한다.

6
진공상태가
아래로의 흡입
에너지로 바뀌게
된다.

진공　　상태

5
Law bowl 냉각

Siphon 추출의 특징

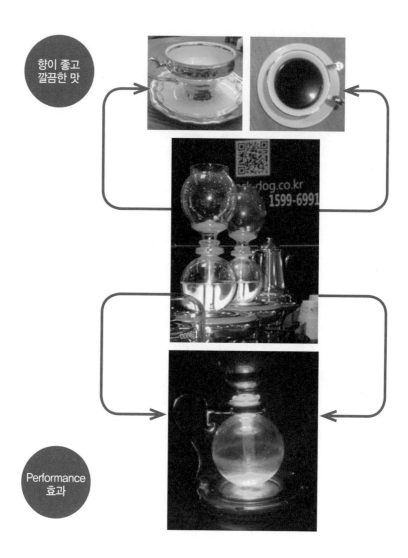

향이 좋고
깔끔한 맛

Performance
효과

Siphon 추출의 기준

분쇄도	물량(mL)	커피량(g)	1차		2차		합계
			교반	침지	교반	침지	
4.0 ~ 7.0	150	14	10회 (8초)	10초	10회 (8초)	5초	25초 ~ 35초
	200	19					
	300	28					
	400	38					

① 커피상태, 기호에 따라 교반 과 침지시간을 컨트롤 (교반: 커피를 섞어서 돌려주는 횟수, 침지: 대기 시간)

② 에티오피아 예가체프 중배전기준

Siphon 추출 순서

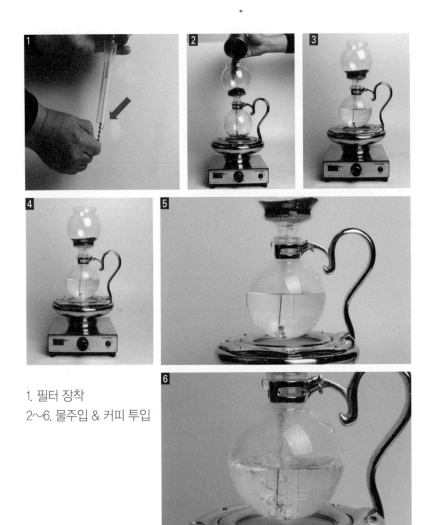

1. 필터 장착
2~6. 물주입 & 커피 투입

Siphon 추출 방법

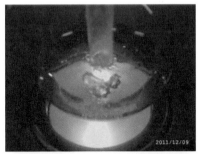

물의 온도가 90~92℃인 상태는 쇠구슬 사이로 거품이 연속적으로 최소 3개 이상일 때이다.

물의 온도가 95~96℃가 되면 큰 거품이 연속적으로 올라오며 물이 요동치기 시작한다.

Point

- 물의 온도가 65℃ 부터 Upper Bowl로 올라가기 때문에 에어 통로를 열어 두어야 한다.
- 물이 다 올라가고 Low Bowl에 물이 채워지지 않은 채 가열하거나 Upper Bowl에서 물이 넘치면 Low Bowl이 깨진다.

Siphon 추출 순서

7. • 서서히 물은 필터를 통해 Upper Bowl로 올라온다.
   • 이때 상승된 물의 온도는 90~92℃ 이다.

8. • 물이 완전 상승하면 적시기를 하고 1차 교반을 한다.
   • 이때 헤라가 필터에 닿지 않도록 하며 커피를 누르듯이 교반한다.
   • 1차 침지시간을 둔다. 2차 교반은 1차 교반과 동일한 방법으로 하고 2차 침지 시간을 둔다.

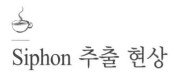

Siphon 추출 현상

거품
분말
커피액

Siphon 추출 현상

- 사이펀 셋트를 히터에서 내려놓는다.
- 커피가 완전히 내려 올 때 까지 기다린다.
- 커피가 내려 올 때 많은 물방울과 노란크레마가 많이 내려오면 정상추출에 좋은 원두이다.

- 좋은 추출, 신선한 커피일 수록 화성 지표면 같이 구멍이 불규칙적으로 생긴다.
- 추출이 잘되면 중앙부분은 불룩한 UFO모양이 된다.

신선하지 않은 커피모양

신선한 커피모양

주의사항

커피투입

물이 완전히 상승하면 분쇄 커피를 투입한다.
이때 Upper Bowl 내벽에 분쇄 커피 가루가 묻지 않도록 한다.

원두커피 분쇄시기

계량한 원두는 투입 직전에 분쇄하고 미리 분쇄하지 않는다.

필터 상태

융 필터는 1회만 사용하고 삶아서 재사용한다.
2~3회 사용하면 뜨거운 물 상승 시 노란 물이 베어 나와 위생적으로
보기 좋지 않다.

Point

• 1차 교반 시 내벽에 묻지 않도록 커피분말을 전체적으로 적셔주고 교반 후 헤라에 묻어있는 커피를 씻어 커피 맛에 영향을 주지 않도록 한다.
• 헤라의 평평한 면을 몸과 평행하게 하고 45° 기울여 커피를 누르듯이 일정한 힘과 난류를 느끼며 회전시켜 교반을 한다 .
• 커피에 심한 난류를 만들면 거칠고 텁텁한 맛이 난다.

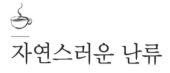

자연스러운 난류

난류

난류는 대류와 비슷한 현상을 가리킨다.
대류의 경우 열 이동으로 인한 일정한 아래위로의 흐름인데 반해,
난류는 불규칙한 개개의 흐름을 말한다.

커피 입자에 물을 부으면, 처음에는 촉촉히 적셔지다가 이내 물길이 만들어져
그 쪽으로만 이동하게 된다.
이 경우, 접촉면은 물길주위로 한정되고, 결과 그 부분만 과잉 추출이
되어 버린다.

난류작용을 일으키게 하면, 일정한 물길이 존재하지 않고,
모든 커피 입자에서 알맞은 정도로 물의 흐름이 유지되어
최적의 추출 작용이 일어나게 된다.
이런 점에서 커피의 맛을 조절하는 고도의 기술이
난류를 얼마나 일으키냐 하는데 있다고 보여지며,
지금도 이것은 많은 연구와 개량의 대상이 되고 있다.

Siphon 헤라

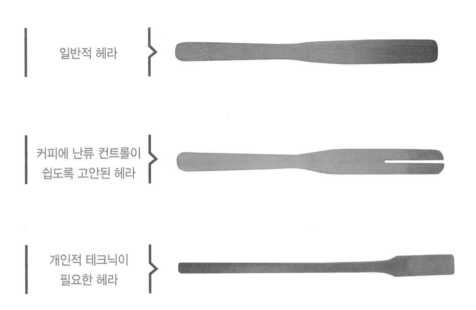

| 일반적 헤라 |
| 커피에 난류 컨트롤이 쉽도록 고안된 헤라 |
| 개인적 테크닉이 필요한 헤라 |

"대나무 헤라는 사용 후 반듯이 건조시켜야 하며
수분이 흡수한 상태로 보관하면 금방 곰팡이가 발생된다."

Siphon 필터(융필터)

| 기모면(40,200배 확대) | 후면(40,200배 확대) |

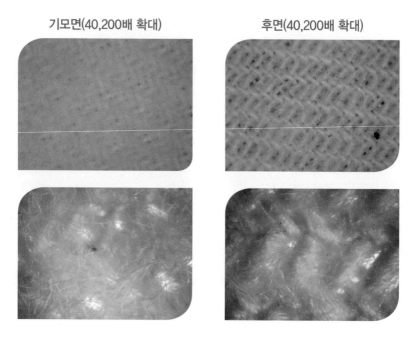

1. 단면 기모(기모 면이 윗방향 즉,커피 방향), 편측 탄력(좌, 우, 위, 아래를 당기면 한쪽만 탄력이 있다).
2. 융의 격자 수 크기 : 2.62 X 1.18 = 3.10㎟, 하리오 메이커(FS-103) 또는 동등한 것으로 사용한다.

Siphon 필터(융필터)

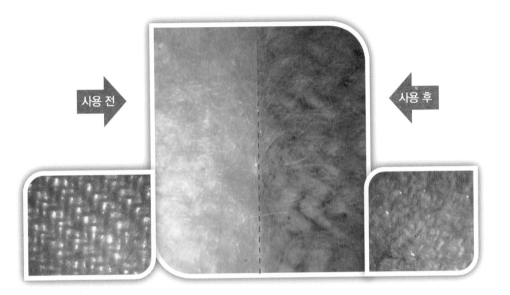

사용 전

사용 후

"오래된 융 필터를 사용하게 되면 팁팁한 맛, 나쁜 쓴맛이 나고 좋은 신맛을 방해하는 과잉추출이 되는 원인이 된다."

Siphon 필터 관리방법

관리방법

• 초기 사용시 융, 필터, 체인, 깨끗한 물로 삶아서 쓴다.

• 커피 맛이 진해지거나 추출이 잘되지 않거나 냄새가 나면 새것으로 교환한다
(교환주기는 30회 사용 후).

• 사용 후 손으로 커피 찌꺼기를 칫솔로 제거해주고 헹궈서 냉장고 찬물에 보
관한다(냉장보관 시 3일/1회 새물 교환).

• 절대 말리지 않고 빨면서 힘주어 짜지 않는다.

• 사용 후 천연소금 락스와 물의 비율 1 : 500(물2,000cc : 천연 락스 4cc)로 11
시간 이상 담가 두었다가 다시 삶아서 재사용한다.

Part **7**

Espresso

에스프레소란?

이탈리아에서 「CAFFE」라고 하면 "에스프레소". "바"로 불리며 서서 마시는 커피점을 말하며, 충분히 설탕을 넣은 에스프레소를 빠른 시간에 마시고 일하러 나가는 스타일로 하루에 몇 차례 마시는 커피이다.

포터 필터

에스프레소 추출 기준

본 기준은 향미와 맛이 우수했을 때 적용되는 기준

1. 에스프레소 추출방식 : 증기압 추출
2. 추출 온도(배출온도) : 약86~ 91℃,
3. 압력(작동 시 압력) : 약 9기압(BAR), 9.2kgf/㎠
4. 추출시간(추출되는 시점에서) : 23~28초. 단, 시간은 기준을 설정하기 위한 것이고 그리 중요하지는 않다. 굵은 줄기는 빠르고 가는 줄기는 시간이 많이 걸린다.
5. 분쇄커피 양(2샷) : 18 ± 1 g
6. 추출량 (크레마 미포함): 1 OZ (28.35cc)
7. 크레마량 : 최소10%이상(2.8cc 이상)
   (크레마는 향을 지속시켜 주기 때문에 많으면 좋음. 단, 블렌딩에 로부스타를 사용하면 고형성분이 많아 양도 많아진다.)
8. 크레마 색깔 : 황갈색
9. 크레마 지속시간 : 길수록 좋다.
10. 크레마 밀도 : 높을수록 좋다.
    (주의 : 크레마의 지속시간과 밀도가 너무 높으면 과잉추출이 되기 쉽다)
11. 에스프레소의 맛 : 마신 후 입 속 가득 퍼지는 후로버, 싫은 쓴 맛을 느끼거나 끝 맛이 나쁜 것은 맛있는 에스프레소라고 말할 수 없다.

이태리에서는 설탕을 적당히 넣어 긁어 혼합해 마시면 (로얄카페) 의외로 맛있는 것과 맛없는 것을 구분하기 쉬워진다.

에스프레소란?

- 에스프레소 전용의 전용그라인더로
- 금속 필터에 정량의 커피가루를 넣어 압축하고(두들기고, 누르고, 돌려라)
- 홀더를 머신에 결착 해 추출한다.

우수한 바리스타가 실로 재빠르고 능숙하게 추출 작업을 하는 것은 움직임
자체가 향기를 중요시 하기 때문이다.

도져 뚜껑으로 깎듯이

맨손으로 커피가루를 만지는 건
위생적으로 좋은 습관이라 볼 수 없다.

올바른 템핑 자세

올바른
어깨 누름 예시

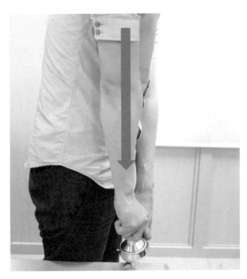

잘못된
엘보 누름 예시

템핑

1. 원두량 : 18g
2. 압력 : 9bar
3. 분쇄도 : 에스프레소 굵기
4. Agtron : 60 ±5

구분	No 템핑	15kg	25kg
TDS	6,260	6,760	6,770
PH	6.0	6.0	6.0

결과

No템핑과 템핑의 차이는 있었고, 템핑의 강도는 그리 중요하지 않았으며 분쇄도가 가늘면 약하게, 굵으면 강하게 조절해야 한다.

"템핑은 분쇄도, 원두의 신선도에 따라 달리 해야 하며 강하면 양질의 크레마가 나오지만 과잉추출의 우려도 있다."

에스프레소 머신 셋팅 방법

1. 원두량 : 18g
2. 압력 : 9bar
3. 분쇄도 : 에스프레소 굵기
4. Agtron : 60 ±5 기준

1. 공차 : ±3ml
2. 기계 메이커 상태에 따라 다소 차이 있으므로 기계에 따라 참고수치로 적용

1회 토출 물량(2샷)	60ml	85ml	100ml
에스프레소 추출량(2샷)	35ml	60ml	80ml

1. 계량 컵을 추출 구에 반쳐놓고
2. 포터 필터를 결착하지 않은 상태에서 셋팅 버튼을 길게 눌러 셋팅 할 버튼을 눌러 물을 필요량 만큼 받고 재차 버튼은 눌러주고 셋팅 한다.
3. 표를 참고 하여 필요 추출량에 따른 1회 토출 물량을 설정하여 물을 받고 재차 버튼을 누르면 설정 완료된다.
4. 더 이상의 미세한 추출조건은 분쇄도로 조절하면 셋팅 완료.

"에스프레소 머신은 물의 토출량을 셋팅 하면 시간과 압력조건에 상관없이 셋팅 된 물량만큼만 토출 되어 나온다."

에스프레소 추출

커피는 **"다공질"**이다.

당연히 분쇄해서 분말이 되어도 많은 구멍틈새가 있다.

에스프레소는, 분말의 그 틈새에 뜨거운 물이 빠져 나가는 것으로 추출이 이뤄진다.

뜨거운 물이 빠져 나갈 때에 녹아 내리는 "수용성의 성분", "불용해 성 오일"등이 "유화 현상"을 일으키는 것으로 액체가 에스프레소의 맛을 결정한다.

*(유화현상 : 물속에 기름이 미세입자가 되어 분산되는 현상.)

에스프레소의 표면에 떠 있는 미세한 거품(크림: 크레마)가 그것인데 스푼으로 혼합해도 사라지지 않아야 한다.

그 이유는 유화되어 점도가 있는 액체가 거품을 형성하고 있기 때문이다.

바리스타는 이 유체 역학의 묘를 감각적으로 이해한 다음, 원두커피 자체가 가지는 특징, 분쇄도, 양, 필터에 채우는 커피의 가루의 형상이나 단단함을 결정해 최고의 한 잔을 만드는 것이다.

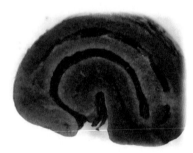

크레마 지속력

무템핑   템핑 15kg

- 크레마의 높은 밀도는 지속되는 시간과 비례하고 크레마의 지속시간이 길수록 양질의 원두, 양호한 추출조건이 되나 너무 높으면 과잉추출이 되기 쉽다 ("예" 컵에 검은띠가 쉽게 생긴다.)
- 템핑을 한 것과 하지 않은 것의 차이는 크레마의 밀도와 양에서 차이가 있다. (템핑의 강도는 원두조건에 따라 약, 중, 강으로 구분하여 템핑해야 한다.)
- 크레마는 황갈색에서 시간이 지남으로 짙은 갈색으로 변한다.

"양질의 원두는 크레마의 밀도와 지속력이 높았다."

크레마 지속력

에스프레소 추출

	정상 추출	비정상 추출	비정상 추출
구분			
설명	· 쥐꼬리모양, 벌꿀이 흘러내리는 모양	· 거품이 부글부글 끓어 내리는 모양 · 유화 현상이 발생하지 않음	· 잘 흘러 나오지 않는다
원인	· 탬핑, 분쇄도, 압력, 커피량, 주변 습도가 양호할 때	· 약한 탬핑, 갓 볶은 원두일 때 · 입자 굵음 · 압력이 약함	· 탬핑이 너무 강할 때 · 분쇄입자가 가늘 때 · 커피량이 많을 때 · 주변습도가 높을 때

에스프레소 POINT별 수율

1. 원두량 : 18g
2. 템핑조건: 15kg
3. 압력 : 9bar
4. 분쇄도 : 에스프레소 굵기
5. Agtron : 60 ±5

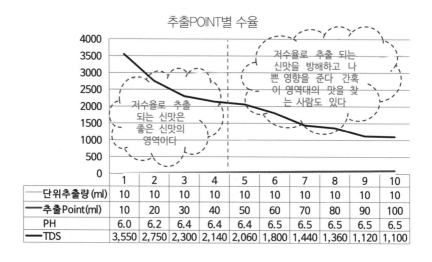

추출POINT별 수율

저수율로 추출 되는 신맛은 좋은 신맛의 영역이다

저수율로 추출 되는 신맛을 방해하고 나쁜 영향을 준다 간혹 이 영역대의 맛을 찾는 사람도 있다

	1	2	3	4	5	6	7	8	9	10
단위추출량(ml)	10	10	10	10	10	10	10	10	10	10
추출Point(ml)	10	20	30	40	50	60	70	80	90	100
PH	6.0	6.2	6.4	6.4	6.4	6.5	6.5	6.5	6.5	6.5
TDS	3,550	2,750	2,300	2,140	2,060	1,800	1,440	1,360	1,120	1,100

에스프레소 추출

수율 조절 방법
- 리스트레토("a") :
  15~20초(20ml x 2=40ml)
- 룽 고("b") :
  35~45초(40ml x 2=80ml)

추출수율(%)

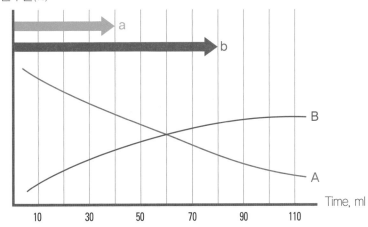

A : **좋은 성분**(좋은 신맛, 달콤한 맛, 고소한 맛, 중후함, 꽃 향기, 고소한 향기, 버터 향 등) "B"에 쉽게 잠식당한다.

B : **나쁜 성분**(기분 나쁜 쓴맛, 떫은맛, 자극적인 맛, 곡류냄새, 나무냄새, 소독약 냄새 등) "A"에 **나쁜 영향**을 준다.

Part **8**

Hand(Paper, Flannel) Drip

드리퍼의 종류와 특징

명칭		칼리타	멜리타	고노	하리오
모양	상부				
	하부				
형태		출구가 3개이다.	출구가 한 개 이고 칼리타에 비해 경사가 가파르다.	출구가 원형으로 1개고 리브(Rib)가 중간까지만 있다.	고노와 비슷한 형태 이나 리브가 나선형이다.
특징		멜리타를 변형 하여 물 빠짐을 빠르게 하기 위해 개발 되었다. 마일드한 맛	구멍이 한 개 이므로 물이 머무는 시간이 길다.	칼리타 멜리타에 비해 물 빠짐이 원활하여 진한 맛이 나지 않는다.	고노에 비해 물 빠짐이 원활하다.

드립 준비물

구분	물 (정수 + 연수)	필터	드립퍼	서버	드립 포트	전자 저울	스톱 워치	온도계	계량 스푼
페이퍼 드립	끓이지 않고 데운 물 (92℃)	천연 펄프 100%	플라 스틱 드립퍼	유리 서버	입구가 가는 동주전 자	1~1Kg 이상	초 단위	0 ~ 100℃	10g
융 드립	끓이지 않고 데운 물 (92℃)	단면 기모 융	거치 대						

추출 과정

예열과정	→	추출과정	→	드립퍼 제거 과정	→	따라 마시기 과정
컵, 드립퍼, 써버를 뜨거운 물로 예열한다		뜸들이기 (20초)		후에 추출되는 5%는 추출하지 않는다		예열한 컵에 따라 마신다

1차 추출   저수율

2차 추출

3차 추출   고수율

주의 : 한번 데워서 식은 물은 사용하지 않는다.

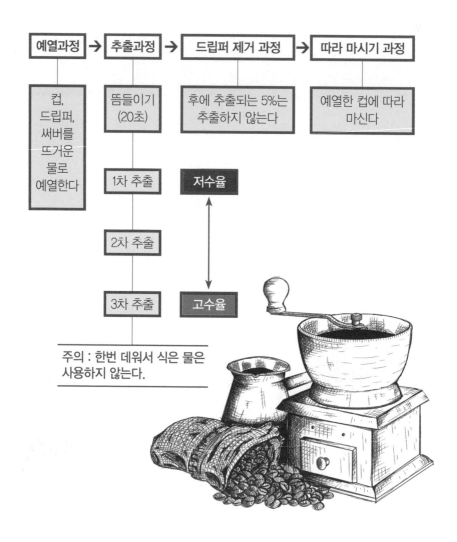

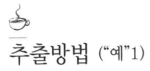

추출방법 ("예"1)

1인분 : 140cc, 커피:12g(커피상태, 기호에 따라 설정)
물량 : 160cc(유실 량 : 약20cc)

구분	추출공정	물량		온도	비고
		금회	누계		
	뜸들이기	20cc	20cc	Start 온도 92℃	적셔지지 않는 곳이 없이 골고루 적신다. (이때 물은 가늘고 커피수평과 수직)
	1차 추출	80cc	100cc		뜸들이기 약20초 후에 1차 추출한다
	2차 추출	40cc	140cc		부푼 커피가 1/3 내려가면 차기 추출 물 주입
	3차 추출	20cc	160cc	완성 시약 65~70℃	부푼 커피가 1/3 내려가면 차기 추출 물 주입 (원두상태, 즉 나쁜 냄새, 쓴맛, 떫은맛에 따라 Cutting)

원의 크기는 엽전 동전 크기   총 소요 시간 : 2분 기준

☕ 추출방법 ("예"2)

커피 추출 량 : 160ml 기준 / 분쇄도 : 배전도에 따라 조절(디팅, 후지로얄 기준)

| 구분 | 추출공정 | | 배전도 | 커피량(g) | | 분쇄도 | 물량 | 설명 |
				Hot	Ice			
물량 : 20ml 온도 : 92℃ 시간 : 20초			강배전	15	20	4.5	200ml	– 뜸들이기 약20초 후에 1~3차 추출 을 진행한다. – 1차 추출 후 1/3 내려간 시점에서 2차~3차 추출한다. – 추출 시간 1~3차 추출 까지 2분 이내 – 완성 후 온도 : 65~70℃
			중배전	20	25	4		
	물량	1차	100ml	약배전	25	30	3.5	
		2차	40ml					
		3차	20ml					

Smart-Dripper 추출

Smart Dripper 형태

→ 휴대 시

여러 추출 용기 사용의 예

콘형(120mm), 1~4인용 필터사용

고가의 추출 용품 불필요

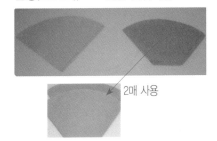

2매 사용

Smart-Dripper 추출 방법

Smart Dripper 사용 방법

뜸들이기(20g/20cc)
추출 개시

Smart-Dripper 추출 방법

마지막 추출 작업 후 물줄기가 방울 방울 끊어지면 추출 완료.

Smart Dripper 특징

완
충

추출 후 안정된 모양

- 휴대하기 편리하고 언제 어디서든 컵과 뜨거운 물만 있으면 추출 가능하다.
- 고가의 추출도구가 필요 없고 환경호르몬의 격정이 없다.
- 스프링의 완충으로 낙수로 인한 커피의 충격이 적어 표준적이고 안정된 맛이 구현된다.
- 추출현상을 눈으로 확인(물줄기 끊어지면 추출완료)됨으로 미숙련자도 쉽게 추출 할 수 있다.
- 드립퍼의 예열이 필요 없고 위생적이며 뒤처리가 간편하다.

Paper, 융드립 추출비교

체크 시 온도 60℃, 분쇄도: 1㎟(드립 용), 브라질커피, 중강 로스팅

방식		추출		커피량	결과치			비고
		뜸들이기	물량		TDS	PH	추출량	
Paper	칼리타 (Kono) MD-45				1760	5.09	111ml	같은 조건 누드 드립퍼 사용
융 (片毛)	외모 (外毛)	-물량 : 20ml -온도 : 92℃ -시간 : 20초	130ml	20g	1780	5.18	118ml	
	내모 (內毛)				1840	5.09	116ml	바디 : 우수 TDS : 약4% 높음

커피 추출 시 주요요소

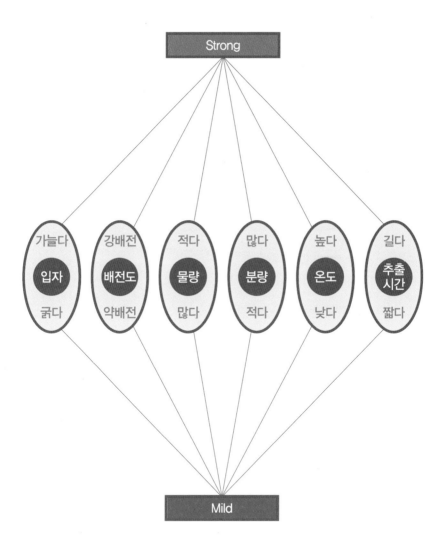

추출

- 비교적 빨리 추출되는 것은 「신맛」, 「단맛」.

- 반대로 추출에 시간이 걸리는 것은 「떫은 맛」, 「쓴 맛」.

- 여기서 뜨거운 물을 단번에 따르면, 신맛과 단맛이 두드러지고,

- 반대로 너무 늦으면 쓴 맛이나 떫은 맛이 강해진다.

- 2분 정도 소요되어 추출하면 맛이 좋게 나타나며 밸런스를 잡힌 맛이 된다.

- 포트의 뜨거운 물이 커피표면에 수직이 되도록 하면서, 엽전모양의 동전크기
  로 천천히 뜨거운 물을 따른다.

- 처음에 따를 때 부풀어 오르면 우선 멈추고, 부푼 곳이 약간 안정되면
  다시 일정한 속도로 뜨거운 물을 따른다.

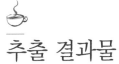

추출 결과물

천연펄프100%

예열 과정

높이는 최대한
낮고 가는 물줄기

90도

무너지지 말고 90도 유지

두께가 같아야 한다

필터(200배 확대)

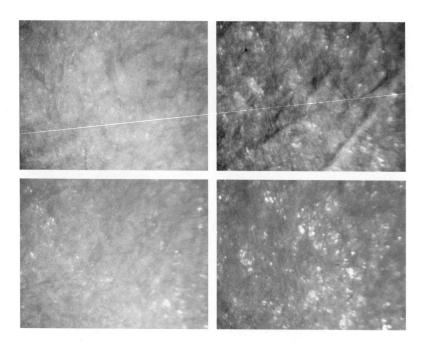

"필터는 제조사 또는 각 필터마다 동질 한 구조가 아니다."

필터

사용 전 필터

사용 후 필터

상부

하부

"상부와 하부의 추출시
필터를 평준화 시키는
추출이 필요하다."

추출 수율

공차 ±5%

원두성분 100%	불용성분 65%		
	가용성분 35%	비 추출 추출80%	비추출 추출60%	비추출 추출40%
추출시간	2~5분	2분	~40초
맛에 변화	쓴맛, 떫은맛	향기, 조화된맛	풋내

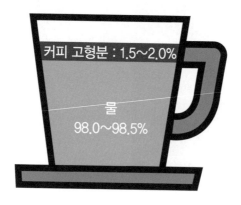

커피 고형분 : 1.5~2.0%

물
98.0~98.5%

커피 맛의 결정 비율

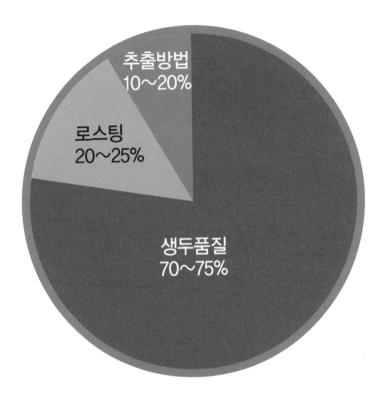

추출방법
10~20%

로스팅
20~25%

생두품질
70~75%

필자가 세계각국의 커피 문화를 탐방 하면서 보니 어떤 나라는 추출기술에 한 평생 인생을 보내신 분도 계셨다. 그분들의 말씀 또한 틀린 건 없었지만 커피 맛을 결정하는 생두품질의 비중을 생각한다면 추출기술은 그다지 중요하지 않고 더 중요한 것이 있다면 맛도 좋고 건강에도 좋은 커피를 정성껏 추출하는 것이다.

Part 9

Water Drip
(Dutch coffee)

워터드립(Dutch Coffee) 유래와 특징

워터드립(더치)커피란?
17세기경 네덜란드 상인들이 커피를 운반하는 과정에서 긴 항해 기간 동안에 매번 커피를 끓이거나 커피의 보관이 여의치 않아 생각해낸 추출법이다.
(정작 네덜란드 인들도 잘 알지 못한다.)
차가운 물을 한 방울씩 떨어뜨려 약8~12시간을 추출하는 커피로 커피의 와인이라 불린다. 커피추출과정에서 80 ℃ 이상이어야 카페인이 나오는데 워터드립은 차가운 물을 사용하기 때문에 카페인함량이 적은 커피이다.
(통상적으로 이렇게 알려져 있지만 그렇지 않다.)

맛있게 먹는 방법
원액을 그대로 드시거나 취향에 따라 물로 희석(찬물, 뜨거운 물), 아이스크림(아포가토) 또는 우유, 바나나 우유, 두유와 함께 드시면 매력적인 워터드립 커피의 향과 맛을 더욱 더 즐기실 수 있습니다.

맛
블랜디 향이 풍부하여 기분 좋은 쌉싸름 한 맛과 상큼한 끝 맛이 특징이다.

참고사항
찬물추출과 커피의 타닌 성분으로 보존 성이 높고, 유지방이 적다. 다만, 찬물로 장시간 추출해야 하므로 외부 영향에 의해 커피 맛에 변화가 없도록 주변 청결에 주의해야 하고 보관 시 냉장보관을 해야 하나 급격한 온도의 변화는 금물이며 가급적 빠른 시간 내에 소비해야 한다.

워터드립 커피의 허와 실

디카페인, Low 카페인 커피이다!
– 정말 그럴까? 더치커피도 수율이 높으면 카페인 함량도 많다.

찬물로 내려서 카페인이 적다 !
– 정말 그럴까? 카페인은 수용성이기에 찬물에도 오랜 시간이면 녹는다.

한 방울 한 방울씩 중력으로 떨어져 천천히 추출한다!
– 정말 그럴까? 물량이 많을 때와 적을 때의 중력의 차이로 밸브조절을 자주 해야 한다.

상온에 보관하여 숙성이 되는 것일까?
– 산패가 되는 것은 아닐까? 염분은 임계치가 높지만 생수와 더치커피는 임계치가 낮다.

마시기 편리하고 보관이 용이하다
– 단, 청결하게 추출했을 경우이고 필히 냉장 보관해야 한다.

향이 특이하고 맛이 좋다!
– 좋은 원두로 추출했을 때의 조건이다(일반적으로 버려지는 원두로 추출을 많이 한다).

왜? 2초에 한 방울씩 내릴까요?
– 일본식 추출방식의 조절 밸브의 한계이다.

왜? 12시간, 24시간 동안 내린다고 말할까요?
– 2초에 한 방울씩 내리는 구조적 한계로 1000ml는 12시간, 2000ml는 24시간이다.

차게 마셔야 맛있다 ?
– 차게 해서도 맛있어야 하고 뜨겁게 해서도 맛있어야 한다

당신이 추출하는 커피는 법적, 위생적으로 문제가 없으신가요?

마시다 남은 커피 Keeping 서비스까지 해준다는데…

워터드립(더치커피) 이렇게라도?

1 물 : 자외선 램프 6W 살균(20분간)
2 모든 용기 : 세척, 삶기 및 건조
3 염소 살균
4 추출공간 밀폐 구조에 공기 자외선 살균

일반 추출기의 문제점

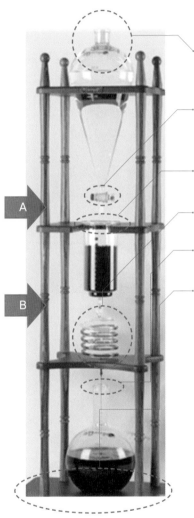

이물질 혼입가능(뚜껑 덮으면 진공으로 낙수 물 막힘 현상), 세척이 어렵다.

테프론과 유리표면과 붙어 미세조절이 힘들다.

커피 향 발산 및 산패, 이물질 혼입.

달팽이관 : 세척이 어렵고 커피향기 손실.

커피 향 발산, 산화 진행 요인, 이물 혼입.

물 넘침 발생시 목재 스텐드 곰팡이 균 번식.

■ 물 넘침 현상 원인
"A"낙수 보다 "B"낙수가 늦을 때
(원두의 신선도, 분쇄도, 필터)

■ 물 막힘 현상 원인
물탱크의 물이 처음과 나중의 중력
의 차이로 낙수속도 차이
물속의 용존 산소, 탄산가스로 인한
기포 발생으로 홀 막음

☕ 불안전 추출 상태

탄산가스, 지방성분으로
물길이 생김으로 발생

임시 대책 안

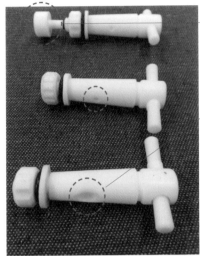

니들 벨브 효과 없음

홀 크기 1.5~2mm를
5mm 확장시키면 막힘 빈도 감소

기포 발생으로 좁아진 홀 확장

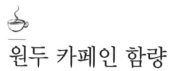

원두 카페인 함량

⑤ KAFRI 한국식품연구소
KOREA ADVANCED FOOD RESEARCH INSTITUTE

일반 제 2525 호

시 험 성 적 서

검 체 명	일반빈 원두커피(브라질 아카이아)(LOT.130228-02)
시 험 항 목	카페인
의뢰인주소및성명	하남시 조정대로 150 863(덕풍동,아이테코오렌지존8층) (주)아이앤에이글로벌 김태호
시 험 의뢰 목 적	참고용

	제조일자	2013.02.28	유통기한	2013.08.28	접수일자	2013.03.04

귀하가 우리 연구소에 시험의뢰한 결과는 다음과 같습니다.

성 적 :

외관...진갈색의 고형물임
카페인(mg/kg)...............................11,211.44 끝.

2013년 03월 08일

한 국 식 품 연 구 소 장

이 성적은 제출된 검체에 한하며, 의뢰목적 이외의 상품선전등 상업용 및
자가품질검사용으로 사용할 수 없음.

워터드립 조건 별 카페인 함량

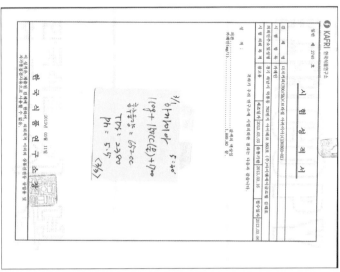

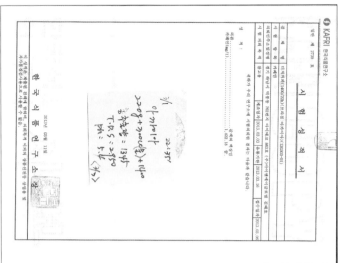

워터드립 추출단계 별 카페인 함량

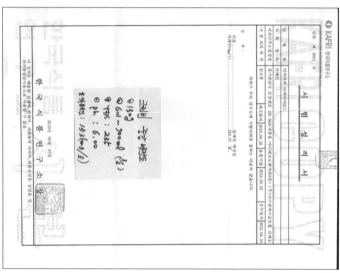

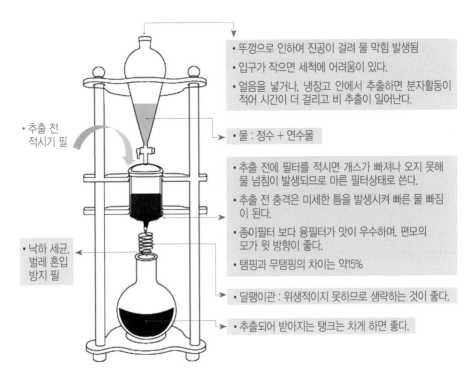

일반적 추출 기준

- 뚜껑으로 인하여 진공이 걸려 물 막힘 발생됨
- 입구가 작으면 세척에 어려움이 있다.
- 얼음을 넣거나, 냉장고 안에서 추출하면 분자활동이 적어 시간이 더 걸리고 비 추출이 일어난다.

- 추출 전 적시기 필

- 물 : 정수 + 연수물

- 추출 전에 필터를 적시면 개스가 빠져나 오지 못해 물 넘침이 발생되므로 마른 필터상태로 쓴다.
- 추출 전 충격은 미세한 틈을 발생시켜 빠른 물 빠짐 이 된다.
- 종이필터 보다 융필터가 맛이 우수하며, 편모의 모가 윗 방향이 좋다.
- 탬핑과 무탬핑의 차이는 약15%

- 낙하 세균, 벌레 혼입 방지 필

- 달팽이관 : 위생적이지 못하므로 생략하는 것이 좋다.
- 추출되어 받아지는 탱크는 차게 하면 좋다.

기준: 1,000mL 추출

물 량 (mL)		원두량		분쇄도	추출 시간		다짐 정도 (탬퍼: 380g)	주변환경		추출량 (mL)		TDS	PH
추출물	적시기	무게 (g)	비율 (%)		Start (낙수/ sec)	Hr (100cc /hr)		온도 (℃)	습도 (%)	mL	%		
1,070	200 (1~2 시간 소요)	130	12	에스 프레 소용	1방울 / 2sec	10	탬퍼자 중으로 다짐	24 ~ 28	45~ 55	1,030	97	3,000 이상	5.0 ~ 5.6

카페인의 용해도 와 온도

카페인 용해도 곡선

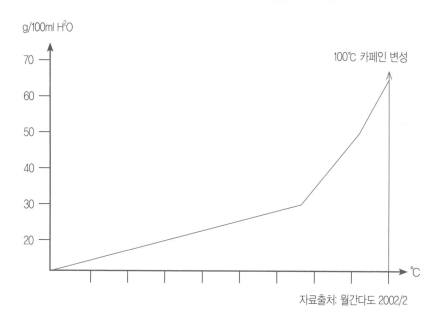

g/100ml H²O

자료출처: 월간다도 2002/2

"카페인은 수용성이므로 낮은 온도에서도 용해가 되고 특히 80℃ 이상에서 급격히 용해가 잘 일어난다."
"예" 설탕 : 뜨거운 물에 잘 녹지만 찬물에도 오랜 시간이면 다 녹는다.

카페인 함량 분석 비교

생두 : 브라질 네추럴/Serra das tres barras estate/Acaia/중강 배전도

구분	워터드립		에스프레소	원두	우유 (성분 무조정)	비고
	130g/1~300cc(1/3)	130g/600~900cc(3/3)				
카페인 함량 (mg/L)	3,936	153	3,569	11,211		
pH	5.24	6.00	5.5		5.61~6.62	
TDS (ppm)	5,240	235	3,500		4,300	

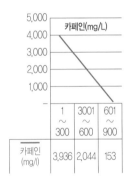

	1~300	3001~600	601~900
카페인 (mg/l)	3,936	2,044	153

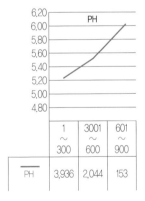

	1~300	3001~600	601~900
PH	3,936	2,044	153

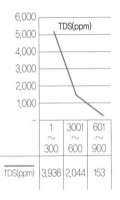

	1~300	3001~600	601~900
TDS(ppm)	3,936	2,044	153

최적의 추출 원리

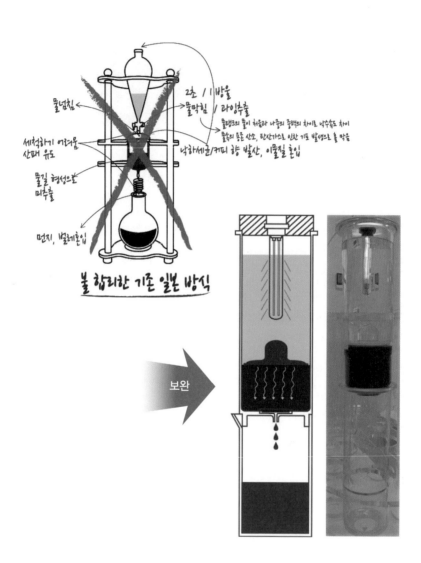

물넘침
세척하기 어려움
산패 유도
물길 형성으로
떠추출
먼지, 벌레혼입

2초 / 1 방울
물막힘 / 라인추출
물탱크의 물이 허공라 나몰의 공력의 차이로 낙수도 차이
물속의 맑은 산소, 탄산가스 및 향 기포 발생으로 홀 막음
낙하세균/커피 향 발산, 이물질 혼입

불합리한 기존 일본 방식

보완

☕ 최적의 추출 원리

"자외선 살균은 물살균, 용기 살균, 추출실 공기살균에 효과가
있고 빛이 투과 하지 못하는 커피에는 효과 없다."

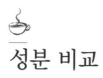

성분 비교

항목		브라질(Yellow Icatu), 강 배전		비 고
		최적 방식	일반방식	
성분	TDS(ppm)	4,580	2,860	40% 차이
	Ph(산도)	5.88	6.04	낮으면 신맛 강함
	Brix(%)	6.3	3.8	
	ORP (산화환원전위:mV)	56.8	59.0	동일정수기
맛 평가		바디, 향기, 끝 맛, 우수함		
색깔		짙음	옅음	
생산성(추출량/시간)		2,500ml/10hr	1,400ml/18hr	

최적방식 검사 성적서

공인기관 자가품질 검사의뢰	상온 3개월 방치 후 동일제품 검사성적서

최적방식 검사 성적서

더치커피 위생 및 미생물 대책

미생물과 환경
- 미생물 소독은 온도가 높아지면 멸균에 요하는 시간은 짧아지고 온도가 낮으면 시간은 길어진다.
- 미생물 증식과 PH는 밀접한 관계가 있고 모든 병원체는 대개가 중성인 PH7.0전후에서 잘 증식된다.
- 추출용기의 특성은 균열,접합, 이음매가 많을수록 소독이 어렵고 소독제는 직접 접촉한 부분에만 작용한다

미생물제어 방법
1. 저온 저장
온도가 내려갈수록 미생물의 활동이 둔화된다(일반적 냉장온도: 0~10℃, 일반적인 부패미생물의 최적온도는 효모,곰팡이 : 20~30℃, 대장균군과 박테리아 : 30~40℃). 냉동 상태에서도 미생물이 다 죽는 것은 아니며, 서서히 증식이 될 수 있다.

2. 건조
건조가 살균 온도보다 낮은 조건에서 대부분 이루어질 때 건조 공정 중 미생물의 증식이 일어날 수 있고, 건조 전 살균이 되어 있어야 하고 건조 중에는 오염원을 차단한 무균실이어야 한다.

3. 미생물 억제 보존제
인공보존제와 천연보존제가 있으나 풍미에 대한 변화와 비용, 안전성 문제, 원가적인 문제가 내포 되어 있다.

4. 자외선 조사
UV–C(100~280nm) 자외선 단파장대 중에서 257.3nm선을 사용해야 한다.
단, 빛이 통과하지 못하는 커피는 효능이 없고 추출 전 물, 공기, 용기 살균에 효과가 있다(자외선은 유리는 잘 통과하지 못하고 석영은 잘 통과한다).

5. 열처리 살균(UHT: Ultra–High Temperature)
135~138℃에서 5초간 순간 온도 상승시켜 냉각시키는 방법이다. 더치커피에서 가장 완벽한 제어방법이다.

UHT : Ultra-High Temperature system

DUTCH COFFEE PASTEURIZER

DUTCH COFFEE ASEPTIC T/K SYSTEM

더치커피 위생 및 미생물 대책

"UHT살균처리 6일후 커핑 테스트 결과"

1. 테스트 환경

	Brix/원액	Brix/희석	회석비율	살균 유/무	테스트
Sample A	5.4	1.5	1:3	135℃에서 5초간 살균	Hot/Ice음료를 각각 제조하여
Sample B	5.5	1.5	1:3	살균 안함	30분동안 관능 테스트 진행

2. 관능 평가

Sample	Overall
A	살균을 한 더치커피가 종합적인 밸런스에 있어서 뛰어났으며 산미는 조금 떨어지지만 더치커피 특유의 묵직한 향미가 느껴짐. 또한 단 맛이 좋으며 후미가 길게 이어져 애프터에서 긍정적인 평가를 받음. 또한 로스팅 포인트가 적절하여 좋게 느껴졌다는 평도 있음.

Cupping Evaluation

	Results	Note
Aroma	7.00	와인같은 숙성된 향기가 느껴짐
Flavor	8.00	더치커피 특유의 묵직한 초콜릿의 향미
Aftertaste	8.00	긴 여운이 느껴짐. 긍정적인 후미가 길게 이어짐.
Acidity	7.00	부드러운 산미
Body	7.00	적절한 바디. 중간정도의 바디
Balance	8.00	균형감이 좋음.
Sweetness	8.00	끝에서 느껴지는 단 맛이 좋음

Graph

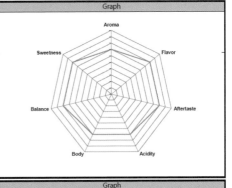

Sample	Overall
B	살균을 하지 않은 더치커피는 향에서 긍정적인 평가를 받음. 견과류와 카카오의 향미가 신선하게 느껴졌으며 밝은 산미가 느껴짐. 하지만 후미가 짧으며 떫은 맛이 혀에 자극적으로 느껴져 아쉬웠음. 대체적으로 깔끔하며 신선한 느낌은 있음.

Cupping Evaluation

	Results	Note
Aroma	8.00	갓 볶은 고소한 견과류의 향이 느껴짐
Flavor	8.00	견과류와 카카오, 다크초콜릿의 향미
Aftertaste	7.00	여운이 짧음. 또한 떫은 맛이 느껴짐
Acidity	8.00	밝고 깨끗한 산미
Body	7.00	적절한 바디. 중간정도의 바디
Balance	7.00	단 맛과 애프터가 조금 부족함
Sweetness	7.00	적절한 단 맛.

Graph

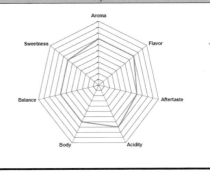

더치커피 위생 및 미생물 대책

"UHT살균처리 3개월후 커핑 테스트 결과"

1. 테스트 환경

01월 20일

	Brix/원액	Brix/희석	희석비율	살균 유/무	테스트
Sample A	5.2	1.5	1:2.6	135℃에서 5초간 살균	Hot/Ice음료를 각각 제조하여
Sample B	5.5	1.5	1:3	살균 안함	30분동안 관능 테스트 진행

2. 관능 평가

Sample	Overall		Graph
A	초콜렛티한 향미와 발효된 액아의 풍미가 느껴지며 마우스필이 매끄럽고 묵직한 바디가 느껴짐. 하지만 후미가 한약을 먹는 듯이 쓴 맛이 지속되며 전반적으로 3개월 숙성 전 보다 향미가 많이 떨어진 느낌을 받음.		

Cupping Evaluation

	Results	Note
Aroma	6.00	더치커피 특유의 다크초콜릿의 풍미
Flavor	6.00	몰트, 맥아가 발효된 듯한 맛.
Aftertaste	6.00	한약을 먹는 것 같이 쓴 맛이 지속됨.
Acidity	5.00	과숙성된 와인의 산미
Body	7.00	묵직한 바디가 느껴짐
Balance	6.00	단 맛은 좋으나 애프터가 조금 씁쓸함
Sweetness	7.00	적당한 단 맛.

Sample	Overall		Graph
B	감식초를 먹는 듯한 시큼한 산미가 느껴지며 발효가 지나치게 된 것 같은 느낌. 요오드와 같은 화학 약품의 냄새가 나며 후미가 씁쓸하며 단 맛이 부족함. 살균 처리한 A보다 향미가 많이 떨어진 것 같다는 의견.		

Cupping Evaluation

	Results	Note
Aroma	5.00	볶지 않은 카카오의 향미
Flavor	5.00	요오드와 같은 화학 약품 냄새가 남
Aftertaste	4.00	시큼하고 씁쓸한 후미가 지속됨
Acidity	4.00	감식초의 시큼한 산미
Body	6.00	묵직한 바디가 느껴짐.
Balance	5.00	향미, 산미, 바디의 균형이 부족함
Sweetness	5.00	단 맛이 부족하여 신 맛이 강조됨.

UHT살균, 비 살균 시간경과 비교 DATA

항목	6일 후		3개월 후	
	살균(A)	비 살균(B)	살균(A)	비 살균(B)
Aroma	7.0	8.0	6.0	5.0
Flavor	8.0	8.0	6.0	5.0
Aftertaste	8.0	7.0	6.0	4.0
Acidity	7.0	8.0	5.0	4.0
Body	7.0	7.0	7.0	6.0
Balance	8.0	7.0	6.0	5.0
Sweetness	8.0	7.0	7.0	5.0
평균(average)	7.6	7.4	6.1	4.9
표준편차 (standard deviation)	0.5	0.5	0.7	0.7

• 시료방치 : 암실 상온보관

• 저장 용기 : 유리병

• 결언 : 초기에 비 살균(B)보다 살균(A)가 양호한 결과였고, 3개월 후에도 살균 (A)는 약20%, 비 살균(B)는 약 34% 변성. 즉, 살균으로 안정된 변화가 지속되었고, 비 살균은 미생물로 인한 변성의 속도는 빨랐다.

더치커피 경시변화 시험 DATA

구분		Brix(%)	PH
추출 직후		5.5	5.43
1개월 후	비 살균	5.6	5.05
	살균	5.4	4.88
3개월 후	비 살균	5.5	4.93
	살균	5.4	4.86
6개월 후	비 살균	5.5	4.88
	살균	5.4	4.83

- 살균방식 : UHT (초고온 순간 살균) 135 ℃/5 sec
- 방치 : 암실 상온보관
- 저장 용기 : 유리병
- 추출직후 관능에 대한 변화는 거의 없고 오히려 살균한 커피가 좀더 양호 했으나 경시변화는 좀더 빨리 진행되었다.
- Brix의 변화는 크게 없었다.
- PH는 1개월 경과 후 급격한 변화를 보였고 그 이후는 보다 작은 변화를 보였다(PH 가 0.05낮아 지면 신맛에 주는 영향 12%의 차이).
- 세균 수 : 0 (적합), 대장균 군 : 불검출

상온보관 보다 냉장보관이 향미를 오래 보존할 수 있다.

더치커피 위생 및 미생물 대책

증식된 곰팡이 균 (원인 : 뚜껑에 묻은 커피)	천연 보존료 사용 2일 후	한달 후 곰팡이 균 재발

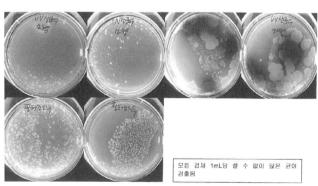

천연 보존료는 미생물, 세균증식을 억제 하며 사멸 시키지는 못한다.

증식된 미생물
(원인: 살균수,
필터 관리부실)

모든 검체 1mL당 셀 수 없이 많은 균이 검출됨

더치커피 위생 및 미생물 대책

추출 환경	청결한 환경(양압 조건), 항온 항습, 작업자 최소출입, 개인 위생, 공기정화 및 살균	
추출용기	1.도자기, 2.유리, 3.스텐 순이 가장 우수하다	
살균	UHT, 자외선 + 염소살균 + 100℃삶기, + 건조 + 에탄올 + 천연보존료	

- 추출환경의 공기정화는 관리 하지 않으면 오염원이 될수 있다.
- 작업자 특히 손발에 의해 오염된다.
- 추출 용기는 세척이 손쉬워야 하고 저급 스텐은 금속취로 인해 커피의 향미를 떨어트린다.
- 스텐은 316L이 가장 우수하며 가격이 높다.
- 모든 미생물을 제어 하기 위해서는 138℃ 가열이 필요하다. 그리고 물성의 변화를 막기 위해 급랭조건이다.
- 자외선 램프는 수명이 있어 시간이 지나면 조사능력이 떨어지고 100% 살균을 기대 하기 어렵다.

- 염소는 약 50ppm이 적당하며 높으면 잔류 염소가 발생한다.
- 삶는 것도 하나의 방법이나 15분 이상 삶아야 하고 100℃에서 사멸하지 않는 포자성 미생물도 있다.
- 건조의 조건은 깨끗하게 세척 후 미생물이 없고 건조 환경 또한 오염이 없어야 효과가 있다.
- 에탄올은 알코올도수 70%가 가장 살균력이 좋으므로 시중의 알코올을 물로 희석해서 써야 한다.
- 천연 보존료로 미생물 억제를 하는 것이 바람직하다.

"더치커피는 UHT방식으로 하지 않고 일반가열(70~90℃)살균은 풍미가 떨어지고 물성이 바뀌어 침전물이 생기고 PH가 급격히 떨어져 산이 발생되어 신맛으로 바뀌고 이 신맛은 좋지 못한 신맛이다."

상관 관계

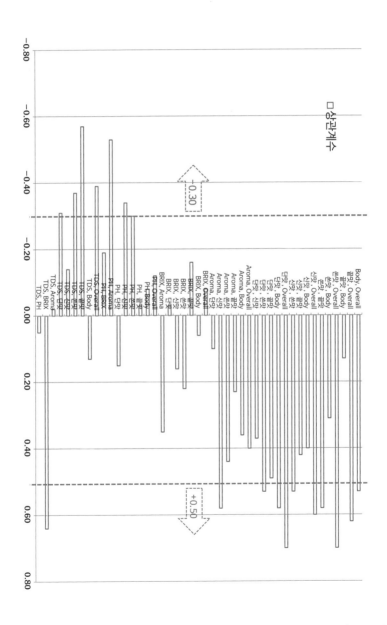

LOW카페인 커피 만들기

성분 특성

1. 카페인 함량과, TDS는 원두량에 비례한다.
2. 카페인은 수용성이므로 온도에 따라 녹는 속도가 비례한다(즉, 찬물에서도 녹는다).
3. 카페인 함량은 배전도와 상관없다.
4. PH는 배전도에 비례한다(낮은ph는 클로로겐산의 함량이 높다).
5. TDS와 카페인 함량은 비례한다.

Decaf(Low 카페인 커피 유도 원칙)

1. 근본적 카페인 함량 적은 생두를 선택한다(품질좋은 생두).
2. 크린빈 가공처리를 한다(실버스킨 사전제거).
3. 원두부피대비 추출 량을 3배 이하로 추출하고 과잉 추출을 피하고 물로 희석한다.
4. 강 배전 베이스에 약 배전을 브랜딩 하여 TDS를 높게 추출하고 PH를 낮게 한다(맛에 대한 밸런스를 맞춘다).
5. 97%카페인 제거를 디카페인 커피라고 하며, 한잔(250㎖)10:1희석비율로 마신다(카페인 함량 10mg이하).

"카페인 없는 커피를 마시겠다는 것은 알코올 없는 술을 마시겠다는 것과 같다. 다만 카페인을 과잉 섭취 하지 말아야 할 뿐이다."

흰색 침전물 분석

• Water Drip Coffee 추출 후 장시간 보관 시 흰색 침전물 발생됨.
• 발생시점 : 추출 후 1개월 이상

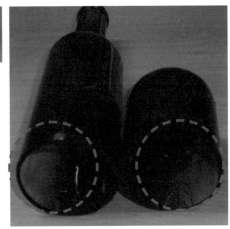

1. 현상
• 끓는 물 고압세척에도 없어지지 않음
• 도치램프로 연소시켜도 연소되지 않음
• 만져보면 미세하고 부드러운 흰색분말
• 바람에 날릴 정도의 분말상태임

2. 전문가 의견(국가공인기관)
• 커피의 회분처럼 느껴져 커피를 완전연소(회색분말)시켜 분석의뢰 하였으나 같은 원소가 아니라는 결론임
• 커피에서가 아니고 물에서 나타나는 현상이라는 주장

흰색 침전물 분석

1. 분석시료(1개)

(1) 시료이름 : Koptri-1420154
(2) 의뢰회사 : (주)아이앤이글로벌, 김태호 대표이사님(ppt@naver.com)
(3) 시료형상 : 분말
(4) 화학구조 : 유기물 + 무기물
(5) 분석항목 : SEM=EDX
(6) 시료사진 : 아래 표 참고

NO.	의뢰자가 제공한 시료명	보고서 작성시 시료명	시료사진
1	커피 병 안쪽 흰색 이물	Koptri-1420154	

한국고분자시험연구소(주) www.polymer.co.kr

흰색 침전물 분석

2. 분석방법

2-1. SEM-EDX
(scanning Electron Microscope-Energy Dispersive X-ray Spectrometer)

(1) 분석기기 모델명 : SEC사, SNE-3000 (SEM).
      Bruker사 XFlash 410-H (EDS)
(2) Resolutione :1.0nm (15kV), 1.4nm (1kV)
(3) Accelerating Voltage : 15kV
(4) Magnification : x 500

참고) EDX는 아래 원수주기율표에 표시된 바와 같이, 측정범위의 원소들만을
100%로 설정한다. 즉, 전 원소가 분석이 되는 것이 아니고, 검출이 안 되는 원
소가 있음을 주의해야 한다.

Periodic Table Of The Elements

흰색 침전물 분석

3. 분석결과

3-1. SEM-EDX 결과

표 1. Koptri 1420154의 원소 조성 결과

분석 항목	단위	분석 방법	분석결과			
			Spectrum 1	Spectrum 2	Spectrum 3	평균
C (Carbon)	Wt %	SEM-EDX	24.23	44.64	23.51	30.79
O (Oxygen)	Wt %		52.49	46.28	52.35	50.37
Ca (Calcium)	Wt %		23.28	9.08	24.13	18.83
Total	Wt %	―	100.0	100.0	100.0	100.0

분석결과 첨부자료 참조

흰색 침전물

4. 참고자료 (Raw data)
SEM–EDX

그림 1. koptri–1420157
Spectrum 1
(x 500)

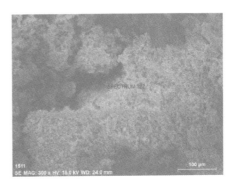

Spectrum: SPECTRUM 122

El	AN	Series	unn. C [wt.%]	norm. C [wt.%]	Atom. C [at.%]	Error (1 Sigma) [wt.%]
O	8	K-series	36.10	52.49	55.80	4.98
C	6	K-series	16.67	24.23	34.32	2.42
Ca	20	K-series	16.01	23.28	9.88	0.51
Au	79	M-series	0.00	0.00	0.00	0.00
		Total:	68.77	100.00	100.00	

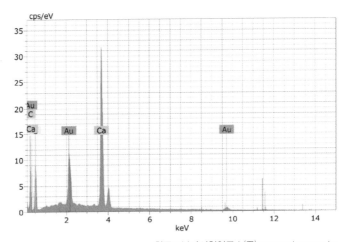

한국고분자시험연구소(주) www.polymer.co.kr

흰색 침전물

Spectrum 2
(x 500)

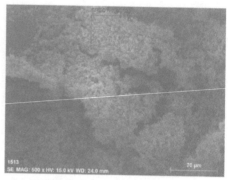

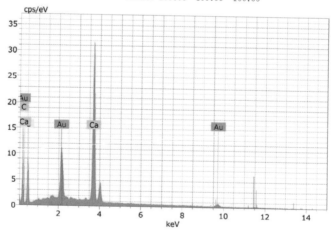

Spectrum: SPECTRUM 123

El	AN	Series	unn. C [wt.%]	norm. C [wt.%]	Atom. C [at.%]	Error (1 Sigma) [wt.%]
O	8	K-series	46.28	46.28	42.32	7.05
C	6	K-series	44.64	44.64	54.37	6.27
Ca	20	K-series	9.08	9.08	3.31	0.31
Au	79	M-series	0.00	0.00	0.00	0.00

Total: 100.00 100.00 100.00

한국고분자시험연구소(주) www.polymer.co.kr

흰색 침전물

Spectrum 3
(x 500)

Spectrum: SPECTRUM 125

El	AN	Series	unn. C [wt.%]	norm. C [wt.%]	Atom. C [at.%]	Error (1 Sigma) [wt.%]
O	8	K-series	38.65	52.35	56.11	5.32
Ca	20	K-series	17.82	24.13	10.33	0.56
C	6	K-series	17.36	23.51	33.57	2.52
Au	79	M-series	0.00	0.00	0.00	0.00

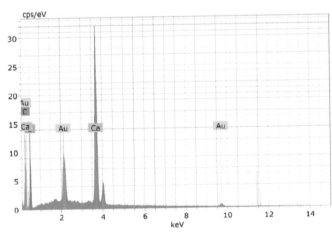

한국고분자시험연구소(주) www.polymer.co.kr

흰색 침전물 용해

구연산에
용해
되었다

물 200ml + 구연산 1스푼

흰색 침전물 용해

1시간 후 산성수에 녹아 없어짐

흰색 침전물 생체실험

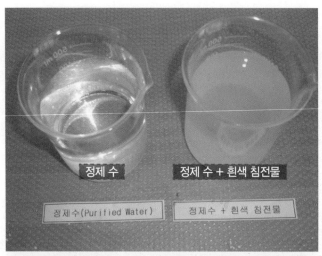

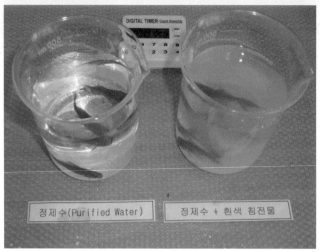

흰색 침전물 생체실험

1일 후 탁한 흰색 침전물이 점점 맑은 물로 변함

2일 후 탁한 흰색 침전물이 점점 맑은 물로 변함

3일 후 탁한 흰색 침전물이 점점 맑은 물로 변함

4일 후 흰색 침전물 한 마리 사망

5일 후 정제 수 한 마리 사망

6일 후 정제 수 두 마리 모두 사망

7일 후 흰색 침전물 한 마리 추가 사망

8일 후 흰색 침전물 모두 사망

- 흰색 침전물속의 금붕어가 2일을 더 살았다.
- 생존기간 2일의 차이로 유해, 무해를 논하기는 어렵다.
- 혹 금붕어의 동일성장조건의 환경이었다면 무해하다고 판단된다.

흰색 침전물 분석 결론

결론

- 미네랄 성분(마그네슘, 칼슘 등등)이 많이 함유된 물에서 침전물이 생기고 이 것이 미네랄 성분인 칼슘, 산소, 탄소로 나타남(무기미네랄).

- 이 성분은 알칼리 성분이므로 산에 용해가 되었다(구연산, 식초에 용해됨).

- 미네랄 성분이 적거나 없는 물 증류수, 역삼투압방식의 정수 물, 산성 수에는 나타나지 않았다.

- 미네랄 성분이 많은 물 생수, 지하수, 알칼리 이온 수에서는 함량크기에 따라 적게 또는 많게 침전물 발생된다.

- 국가공인기관 연구원의 의견.
  (무기미네랄에 가까운 스펙트럼이었고 몸에 유해, 무해를 표현하기 어렵고 적게 적당량은 좋으나 과용은 유해하다. 본 이물질은 $CaCO_3$이다.)

Part **10**

커핑
(Cupping)

자료 출처, 협찬: ㈜ 더드립

커핑(SCAA) 목적

- 구매 (생두 자체 혹은 블렌딩 목적)

- 커피의 품질및 가격감별

- 샘플검별

- QA systems

- Blending

- Palate enrichment (미각 계발)

- 교육/트레이닝

Cupping은 보통 구매하거나 블렌딩을 하기 위한 경제적인 목적을 가지고 하기 때문에 커핑을 하는 사람은 SCAA에서 지정해 놓은 커핑의 방법과 기술적인 요령을 정확히 이행해야 한다.

Evaluation Protocol(평가항목)

• Fragance/aroma	• 냄새/향
• Flavor	• 맛
• Aftertaste	• 뒷 맛
• Acidity	• 산도
• Body	• 바디
• Uniformity	• 균일성
• Balance	• 균형
• Clean cup	• 무결점
• Sweetness	• 단 맛
• overall	• 총 평가

Cupping Evaluation

Fragrance / Aroma	• Fragrance – 가루 상태에서의 냄새 • Aroma – 물에 젖은 상태에서의 냄새

다음의 3단계를 거치며 평가
1. 가루 냄새 맡기
2. 브레이크 할 때 나는 냄새 맡기
3. 커피가 녹으며 발산하는 냄새 맡기

》 평가는 3단계를 모두 거친 후 전체적으로 고려해 체크

Flavor	• Flavor는 커피 맛의 "중간 부분(커피의 가장 첫 번째 아로마와 Acidity에 의한 첫인상과 마지막 Aftertaste에 이르는)을 구성한다. • Flavor에 대한 평가는 강렬도, 질, 맛과 향의 결합을 통한 복합성을 고려해 매겨져야 한다. • 보통 좋은 생두에서는 풍부함과 다양성, 복합적인 향미를 지닌다.

Cupping Evaluation

Balance

- Balance는 Flavor, Aftertaste, Acidity, Body가 서로 얼마나 조화롭게 커피 맛을 구성하고 있는지를 전체적으로 평가하는 항목이다.

- 어느 하나가 부족하다거나 지나치게 과도한 경우 낮은 점수가 매겨진다.

Sweetness

- Sweetness는 탄수화물로 인해 느끼는 미각적 요소로서, 감칠맛 나는 풍부한 Flavor와 두드러진 달콤함을 평가하는 항목이다.

- 이 항목에서 불쾌한 신 맛(sour)이나 아린 맛, 풋내 등은 Sweetness와 대척점에 있는 부정적인 요소이다.

- 이 항목은 소프트 드링크와 같이 자당을 함유한 음료에서는 직접적으로 감지하기가 쉽지 않지만 다른 향미 요소들에 영향을 미치게 된다.

- 샘플용 생두가 가진 결점두와 가공 과정 상의 문제를 체크할 수 있는 항목이기도 하다. 각 컵마다 2점씩 감점한다.

Cupping Evaluation

Clean Cup	• Clean Cup은 처음 커피를 머금었을 때부터 마지막 목넘김의 Aftertaste까지 부정적인 요소들에 의한 간섭현상이 존재하는가를 평가하는 항목이다.
	• 컵의 투명도라고 표현하기도 한다. 커피의 맛과 향을 교환하는 부정적인 요소들의 존재 여부를 파악한다.
	• 샘플용 생두가 가진 결점두와 가공 과정 상의 문제를 체크할 수 있는 항목이기도 하다.
	• 각 컵마다 2점씩 감점. 맛과는 상관없이 깔끔하고 투명한 느낌인가를 체크한다. 각진 맛, 튀는 맛이 나오는가?
Uniformity (획일적이고 균일함)	• Uniformity는 샘플 하나 당 준비된 여러 컵들 간에 존재하는 균일성을 평가하는 항목이다.
	• 각 컵 간에 맛의 차이가 존재한다면 높은 점수를 받을 수 없다.
	• 각 컵마다 2점씩 감점. 균일성을 보는 항목으로서 농장에서 정성을 들인 가공인가를 체크한다.

Cupping Evaluation

Overall
(종합적인 맛)

- 샘플에 대한 이전까지의 평가와 더불어 커퍼의 주관적인 인상을 부여하는 항목이다.

- 샘플의 특성에 대한 기대를 충족시키고 특정 원산지에 부합하는 품질을 보인 샘플은 높은 점수를 받게 된다.

- 커퍼가 선호하는 특성이 이전까지의 항목에서 충분하게 반영되지 못한 경우 높은 점수를 받게 된다.

- 개인적 사건이 개입되는 항목으로 0.25~0.5점 정도의 가산/감산점 부여.

Defect

- Taints: 나쁘지만 압도적이지는 않은 것. 주로 아로마에 관련한 요소 → 2점 감점.

- Fault: 주로 맛(taste)에 관련한 요소로서 커피 맛을 전체적으로 지배하는 심각한 결점 → 4점 감점.

- Defects는 우선 Taints 인지 구분해야 하고 그 다음에 구체적으로 명시한다.

- 예를 들어, sour, rubbery, ferment, phenol...

요약

contents

Aroma/fragrance : 분쇄한 커피가루의 향과 물을 부은 후 커피의 향을 체크한다.

Flavor : 전반적인 맛을 평가한다.

Acidity : 커피의 산도 (신맛)을 평가한다.

Body : 커피를 입에 머금었을 때의 묵직한 중량감, 오일 감을 평가한다.

Aftertaste : 커피를 조금 넘겼을 때의 혀에 남는 맛과 식은 후의 맛을 평가한다.

Clean cup : 다섯 개의 샘플에 어떠한 결점이나 튀는 맛이 없는지 확인한다.

Uniformity : 다섯 개 샘플의 맛이 모두 균등한지 평가한다.

Sweetness : 커피의 단 맛 이 존재하는가 평가한다.

Overall : 총체적인 평가, 개인적 견해가 들어간다.

How to taste?

후각	→	미각	→	입의 느낌
Olfaction		Gustation		Mouth feel

Balance of flavor

이 세 가지의 조화가 훌륭할 때 균형 감에 높은 점수를 준다.

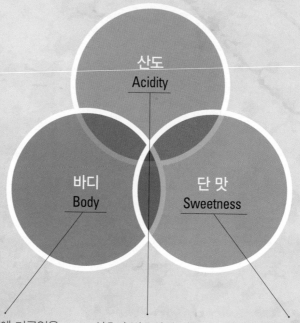

커피를 입에 머금었을 때 느껴지는 혀를 감싸는 묵직함. 보통 가볍거나 무겁다고 표현한다. 커피의 섬유질, 오일리함 포함.

식초나 빙초산의 시큼함이 아닌 커피에 활기를 불어넣는 과일류나 와인 류의 향긋함을 뜻한다. 아프리카종 커피에서 높게 측정 된다.

주로 감칠맛, 초콜릿, 견과류 등 다양한 단맛이 존재한다.

SCAA Cupping Form

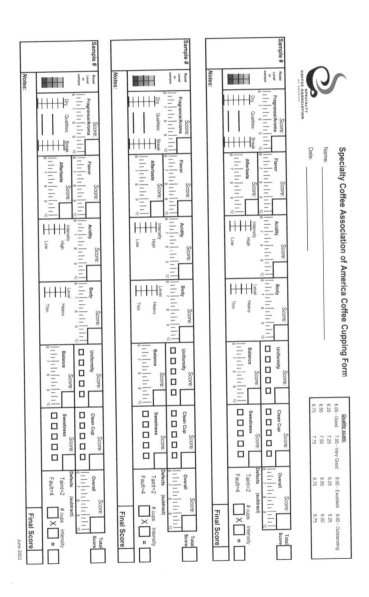

Checking Steps

Step 1 Fragrance ——— Aroma	**첫인상과 윤곽만 잡는데 주력한다.** • 컵을 가볍게 두드리며 맡으면 효과적 • 물을 부은 후 최소 3분 최대 5분 이내에 표면의 커피를 가르며 냄새를 맡는다.
Step 2 Flavor, Aftertaste ——— Acidity, Body, Balance	**적힌 순서대로 체크한다.** • 물을 부은 후 8–10분 정도가 지나 온도가 70도 내외로 떨어지면 테이스팅을 시작 이 때 flavor, aftertaste 체크. • 커피가 70도에서 60도까지 식어감에 따라 Acidity, Body, Balance 체크.
Step 3 Sweetness, Uniformity, Cleanliness ——— Overall	**식은 후 체크해야 더 잘 느껴진다.** • 온도가 37도 이하의 기온으로 내려가면 각 컵을 대상으로 Sweetness, Uniformity, Cleanliness 체크. • 커핑은 온도가 16도가 되면 중지하고 Overall 항목 체크.

점수 채점

 Cupping form에 적은 모든 항목을 더한다.

감점요소가 나올 수 있는 항목들
1) Clean cup (컵당 2점 감점)
2) Uniformity (컵당 2점 감점)
3) Defect (컵당 4점 감점)
4) Taint (컵당 2점 감점)
   을 꼼꼼히 검토하고 계산하여 총점에서 제한다.

 최종 점수를 기록한다.

Commercial급의 커피는 70~80점
specialty 급의 커피는 80~90점 초 중반대까지 나오며
아프리카 종류의 커피가 대체로 점수가 높게 측정된다.

SCAA coffee taster's flavor wheel

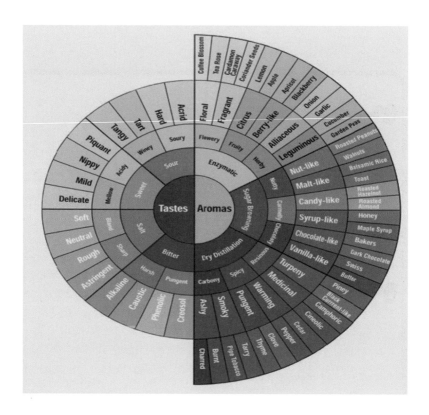

SCAA coffee taster's flavor wheel

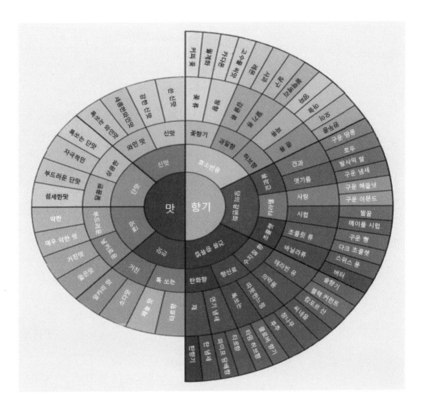

SCAA의 Coffee taster's flavor wheel 항목 표현은 일반적 미국인도 구분하기 어려운 단어들이었다. 겨우 전문가의 도움으로 표현은 했지만 한글로 표현하기에는 문화적 차이로 불가능한 수준이다. 우리문화와 환경에 맞는 표현으로 재 정립 해야만 한다.

SCAA coffee taster's flavor wheel

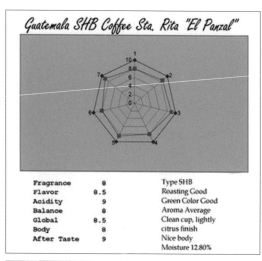

Guatemala SHB Coffee Sta. Rita "El Panzal"

Fragrance	8	Type SHB
Flavor	8.5	Roasting Good
Acidity	9	Green Color Good
Balance	8	Aroma Average
Global	8.5	Clean cup, lightly
Body	8	citrus finish
After Taste	9	Nice body
		Moisture 12.80%

- 국제적으로 커피 농장 및 구매자들이 커피를 구입할 시 참고하는 REPORT.
- Coffee name, origin and cupping score가 총점과 함께 보여진다.
- 커피를 구매하는데 중요한 기준이 되는 서류이다.

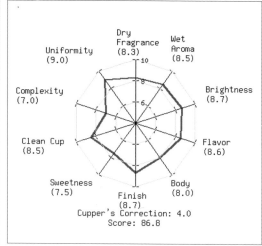

Uniformity (9.0), Dry Fragrance (8.3), Wet Aroma (8.5), Complexity (7.0), Brightness (8.7), Clean Cup (8.5), Flavor (8.6), Sweetness (7.5), Finish (8.7), Body (8.0)

Cupper's Correction: 4.0
Score: 86.8

Coffee Quality Triangle

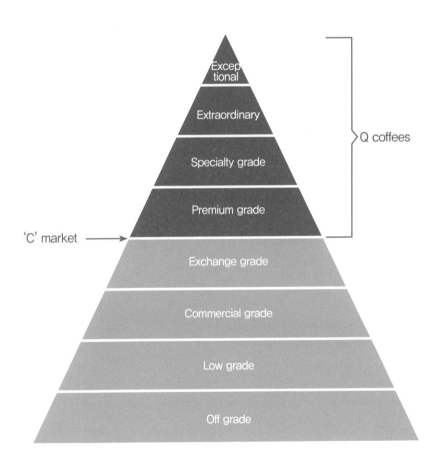

Cupping Protocol

- 커핑룸은 항시 깨끗하고 커피샘플을 이외의 냄새가 없어야 한다.
- 조명은 너무 밝아서는 안 된다.
- 주변인을 방해하지 않는다.
- 조용히 한다.
- 비 흡연.
- 향수, 진한 화장품, 애프티 쉐이브 사용 금지.
- 기상후 2~3시간 이후에 커핑을 한다.
- 너무 피곤하거나 배고픈 상태 금지.
- 식후 바로 커핑 금지.
- 이를 닦거나 가글 후 커핑 금지.
- 구취제거용 약 사용 금지.
- 남과 이야기하거나 정보를 공유하지 않는다.
- 신체의 모든 오감을 다 이용할 것!
- 자신의 소견을 믿고 이 규칙사항을 준수하도록 한다.

Cupping Mento

1. 다음의 지시사항을 따른다.
2. 라이트 로스팅(에그트론수치 58~63).
3. 샘플은 24시간 이내에 로스팅 한 후 8시간 동안 숙성시킨다.
4. 커피와 물의 비율은 커피 8.25g에 150㎖의 물로 맞춘다.
5. 컵의 사이즈는 5~6온스(141~170g)여야 한다.
6. 커피는 커핑하기 15분 이내에 분쇄 한다.
7. 그라인딩 사이즈는 드립 그라인딩보다 조금 굵게 한다.
8. 분쇄한 커피의 향을 평가한다.
9. 섭씨 93도의 뜨거운 물을 붓는다.
10. 4분 정도 기다린다.
11. 스푼으로 브레이킹을 하며 커피 아로마를 맡는다.
12. 아로마를 평가한다.
13. 물표면의 커피조각을 걷어낸다.
14. Slurping을 하며 반복해서 맛을 보고 전체항목을 평가한다.
15. 평가차트 지에 기록한다.
16. 모든 커핑 과정은 1시간을 넘지 않는다.

Cupping room Set-ups

- 뜨거운 물
- 그라인더
- 5–8온스의 유리컵
  혹은 자기 컵
- 저울(0.1mg까지
  측정가능)
- 테이블

- SCAA 지정스푼
- 개인텀블러(뱉어내는 용도)
- 정수된 물
- 타이머/스톱워치
- 로스팅 된 샘플원두

Sample 준비

| Step 1 | > | • 테스트하고자 하는 산지 별 그린 빈 준비 |

| Step 2 | > | • 라이트 로스팅(에그트론수치 65) |

| Step 3 | > | • 6~24시간 숙성
• 각 커피 별마다 6컵 준비 |

Grinding

분쇄

- 6개의 샘플을 차례로 분쇄한다.
- 이중 한 개의 샘플은 커피종류를 바꿀 경우 커피가루가 섞이지 않게 방지하는 여분의 커피다.
- 이것을 먼저 분쇄한 뒤 다른 종류의 커피를 분쇄한다.
- 분쇄입자 크기는 드립커피보다 조금 굵게 한다.

Infusion

우려내기

- 분쇄한 커피입자의 냄새를 맡은 후 뜨거운 물을 붓는다.
- 이것을 인퓨전이라 하며 보통 3~5분 지속된다.
- 인퓨전을 하는 동안 커피 입자들이 완전히 물에 젖어 컵의 바닥에 가라앉는 것을 확인한다.
- 이때 표면의 막을 걷어내거나 떠서 버리지 않는다.

Sniffing

냄새 맡기

- 분쇄 후 커피가루의 향을 맡는다.
- 물을 부은 후 소리를 내며 깊이 냄새를 반복하여 맡는다.
- 커피의 첫인상을 가늠하는 중요한 단계이다.

Breaking

브레이킹

- 물을 붓고 나서 3~4분 후 브레이킹을 시작한다.
- 스푼을 앞 뒤로 3번 천천히 저으면서 코를 커피표면에 최대한 가까이 대고 뜨거운 아로마를 깊이 들이 맡는다.
- 각자의 앞에 있는 샘플만 브레이킹을 하며 브레이킹 후에는 항시 스푼을 헹구는 것을 잊지 않는다.

걷어내기

- 브레이킹을 하며 아로마를 평가 한 후
  물 표면에 떠 올라있는 커피입자들을 스푼을 이용하여 가볍게 걷어낸다.
- 한번만 걷어내도록 한다.
- 걷어낸 액은 개인 텀블러에 담는다.

Slurping & spit

후루룩 소리 내면서 맛 보기

- 커피 스푼을 이용하여 6 – 8cc정도의 커피를 뜬 다음 강하게 후루룩 하고 입으로 빨아들인다.
- 이 동작은 빨아들인 커피를 효과적으로 골고루 혀 전체의 표면에 퍼지게 하려는 것이다.
- 입안에 커피를 몇 초간 머금은 채 우물우물하며 맛을 본 뒤 넘기지 말고 뱉어낸다.
- 이 동작을 여러 번 반복한다.

주의

- 커피를 맛보는 슬러핑 을 할 때 소리를 내고 쩝쩝 거리는 것을 부끄러워 하지 말 것!

- 킁킁거리며 냄새를 맡고 후루룩 소리를 내며 들이마시고 입안에서 오물거리 며 맛을 보아야 입안의 많은 말초신경이 커피의 성분과 접촉하여 커피의 풍 미를 잘 느낄 수 있게 하는 필수적인 과정이다.

- 위의 과정을 여러 번 반복하면서 더 정확한 커핑을 할 수 있다.